最新 植物油效用指南

芳療複方、手工皂、補充營養 必備的 99 種天然油脂！

蘇珊・M・帕克 SUSAN M PARKER——著

謝明珊——譯

目錄

Contents

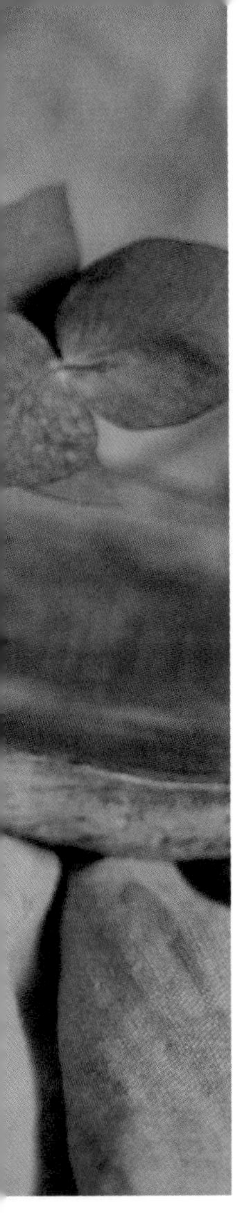

PART

1 植物油的世界

PART

2 脂質的化學結構和化學成分：固定油的化學結構

PART

7 塗抹皮膚：植物油和皮膚

PART

8 對皮膚有益的重要脂肪酸

推薦序一

Foreword

這幾年書市少見植物油專書，不論是製皂或是芳療愛好者，參考的都是同樣的幾本經典著作。雖說植物油的世界理論上不會有太大的變化，但人類的知識與運作方式是與時俱進的，《最新植物油效用指南》正是為看待植物油的觀點注入新意的一本書。

在植物油與芳香療法世界浸淫多年，我總在課堂上強調吃的、擦的都是「成也油脂，敗也油脂！」不論是手工皂配方，精油稀釋，或油膏霜製作，從皮膚保養到內在身心平衡，植物油脂都是其中關鍵。許多芳療學子在孜孜不倦地探究各種單方、複方療效時，常忽略承載精油的植物油本就具有各種療效。遇到敏感膚質個案，或調配幼兒、老人及特殊疾病、術後患者的配方時，有時我會建議只用植物油來照顧嬌弱的肌膚。這些調配的邏輯，都得要對植物油脂，以及油脂中的非脂質成分（不皂化物）有一定的掌握。

閱讀 Susan M. Parker 女士的這本植物油效用指南，讓喜愛運用植萃成分手作的讀者們，透過她輕鬆的筆觸理解植物油的化學基礎

與非脂質成分，學會如何針對不同膚況，調配適合的植物油配方。真要挑毛病，本書針對化學結構的說明文字，或許不如教科書一般精準，但也因為作者先行消化理解，再以平實口吻為我們解釋那些如希臘文一般的化學觀念，使得這本書更容易親近。

書中從如何選擇適合肌膚的植物油，調配平衡的配方，到如何吃對的油品，一應俱足，後半部除了單方油品介紹之外，更有各種洗面油、精華油、和藥膏等手作配方，另附有依用途區分的油品查找清單，使用上非常便利，中譯本的排版格式比原文更簡潔容易閱讀，這絕對是受植物種籽能量深深吸引的人們書架上必備的一本工具書。

芳香療法與香藥草生活保健作家　女巫阿娥

推薦序二

Foreword

植物擁有最棒的療癒智慧！

在使用精油時，我常跟大家說「預防勝於治療」，而要讓精油發揮最極致的效益，關鍵在於選擇什麼植物油。目前市面上已有非常多芳香精油應用書籍，但是鮮少有專門探討植物油的知識與應用的書籍，所以當我看到蘇珊・M・帕克（Susan M. Parker）的《最新植物油效用指南》時，我愛不釋手地一頁又一頁讀下去。這本書吸引我的地方在於作者對於植物油的研究不是片面，而是結合專業知識與實際應用的珍貴寶典——她親手栽種香草植物、榨油、研究油脂的化學結構。無論是生活各層面的應用或搭配芳香精油、製作手工皂，以及補充植物油的營養……都有獨到的見解。

如果精油是植物的精質，植物油就是整株植物的生命泉源！

每種植物油都是每株植物的生命起點，是非常珍貴的黃金液體。它們的能量與營養絕對不容忽視，但是在亞洲對於植物油的應用較為狹隘，有些可惜！我們可以透過作者深入淺出的解說，從植

物油的來源、結構、品質、種類、成分和功效等，讓我們更懂得如何應用這些植物油。

每一種天然植物油都有它傲人的特質，在生活各個層面上我們應該用這些天然植物油來保健身體、美容皮膚；它絕對是 CP 值最高、最安全，而且擁有重要的營養素和成分能影響療癒力。

脂肪是大腦和細胞的最愛！

我們全身最多脂肪的部位就是我們的大腦，大約占我們腦部60%，其中多元脂肪酸對於支持和保護神經組織很有幫助。作者提到細胞和身體只認得天然油脂，但無法辨認合成、氫化、過度加熱、化學榨取的油脂。因此，維護身體健康需要這些植物的天然油脂，它帶給我們身體的價值遠遠超過我們的想像。讓我們一起活用植物油，減少身體發炎機率，以及修補破損的肌膚，細胞與神經元。

SPAATM 芳香學苑創辦人　靳千沛

Preface 作者序

我個人用油的歷程

這是我為自己而寫的書。大概在十二年前，我就希望手邊有一本植物油的參考書。《最新植物油效用指南》這本書主要探討植物油對肌膚保養的效果，順帶提到營養、功用和飲食。另外介紹常見油脂的特殊用途，證明這些油是實用的天然物質。雖然在生活中很常見，卻擁有非凡的價值！

植物油可以分成兩種，一種是揮發油（volatile oil），像是精油，另一種是固定油（fixed oil），又稱不揮發油，源自種子和核果。精油從芳香植物的花朵、葉子、果皮或根部萃取而來，氣味宜人，兼具療效，市面上已有很多書籍和網站都在介紹。

這本書鎖定植物世界的固定油，包括種子油和核果油，這一類不揮發油，會用在料理、護膚、塗料、潤滑和醫藥，隨著產油植物的不同，有不同的品質和實際應用。我會探討固定油對日常生活的貢獻，以及它的影響有多麼深遠。

我寫書是為了分享自己十八年來用油的寶貴經驗。我會跟大家解釋，為何有些油是固態的、有些油是液態的；為何有些油是紅色、黃色或透明；為何有些油可以存放久一點、有些油卻一下子就有油耗味。我也會提到植物油的來源，更重要的是，如何發揮這些油的最大效用。

現在的我對油脂充滿熱情，但更早以前的我，並不是這樣的呢！我是草藥專家，也製作護膚產品，幾乎每天跟油相處。這份熱情是長時間醞釀的結果，源自我積年累月烹調和使用油脂的經驗。十八年前，我展開藥草和植物油的大冒險，起初我使用的油脂種類並不多，只會用橄欖油、甜杏仁油和蓖麻油來製作藥草膏，用椰子油和棕櫚油打皂。我以前只覺得，油就是油而已！

我在學會製作香草浸泡油之後，自然而然走進藥草學的世界。藥草膏很好玩，簡單好上手。先把香草浸泡在植物油裡，再製成各種療效的藥膏。有一段時間，我把手邊的植物都拿來泡油，像是辣椒、尤加利葉、冬青樹枝、松樹、絲柏、冷杉、地衣，還有茉莉和玫瑰等花朵，以及紫草、金盞花、聖約翰草和香蜂草等常見的香草植物，族繁不及備載。

我製作潤膚膏的功夫也隨之進步，材料有植物油和水性物質（例如純露和蘆薈膠），再以蜂蠟乳化完成。至於打皂，簡直是一門煉金術，原本液態的植物油，竟能變成硬梆梆的固態肥皂。我就是著迷於學習這些技巧和手法。

後來有人詢問課程，我就開始授課了。學生很好奇肥皂、潤膚膏和藥草膏的製作原理。還記得剛開始的某一堂課，有位學生隨口一提：「那老師一定知道『快乾』油吧。」

什麼？我根本不知道什麼是「快乾油」，她是指油還是皮膚？皮膚上塗抹的油？還是分泌油脂的皮膚？上課途中的我，隨便點個頭，含糊帶過，可是學生那句話，迫使我不斷思考「快乾油」到底是什麼意思。我覺得自己好蠢，竟然連基本知識都不知道，還自以為明瞭所有的材料。快乾油的問題，就一直困擾著我。

當時的我以為，油只有固態和液態、不飽和與飽和，從未想過油有乾性，經過一段時間，我終於明白了，還真的有快乾油！想一想，我從美術學校帶回來的油畫顏料，似乎就是明顯的例子，但我之前從來沒想過油快乾的原因，難不成油裡面放了乾燥劑？

一段時間後，我終於明白快乾油的現象。我想起煮菜的時候，親身體驗過油脂的「快乾」。幾年前，我調整飲食習慣，從傳統西式飲食轉變成半素食，以植物油全面取代奶油。烘焙時，以液態油取代奶油在烤盤刷油，每次烤完餅乾，烤盤都會留下樹脂狀的暗棕色污漬，怎麼搓也搓不掉。我直到幾年以後，才知道箇中原理。

我跟植物朝夕相伴，當然得好好認識這些材料。我開始嘗試更多新的植物油，例如有極佳收斂效果，很適合護膚的榛果油，以及有療癒疤痕組織功效的玫瑰果油。後來，我去了一趟夏威夷，發現了瓊崖海棠油，這種產自大溪地和太平洋盆地的植物油，呈現深綠色，散發堅果味，對於肌膚的療癒效果極佳，可以治療鱗狀皮膚病變，添加在藥膏裡，絕對會大加分！

隨著我日益了解植物油，我的打皂之路也持續精進。我嘗試各種沒使用過的植物油，追求更高品質的香皂，例如棕櫚核仁油，這樣做出來的肥皂，不僅泡沫綿密，也比較堅硬。而橄欖油、榛果油和其他植物油，則可以平衡飽和性的椰子油和棕櫚油，製作出更棒的護膚皂。如果我剛起步的時候，我用過的油脂只到我腳趾的高度，那麼現在應該到我膝蓋的高度了！

我這個人很重視身體感覺，喜歡從實際操作中學習，所以寫這本書也是在收集資訊。我為了內化這些資訊，一定要把資訊化為實際的行動或活動。打皂不只是打皂，也是我的教案和試煉。此外，我做的藥草膏和研究報告，也會成為課程的一部分。在記憶和背誦的過程中，自然而然地融會貫通。

2000 年，我希望把自己收集的植物油資訊，一點一滴整合起來，成為手邊隨時可以翻閱的參考書。當時市面上找不到這類的參考書，我只好把植物油的研究報告集結成冊，甚至改版兩次，每隔兩年就新增更多資料。

這段研究過程集結了個人經驗、書本知識和網路資料。我主修化學的朋友幫助我理解打皂的科學原理，讓我開始認識油脂、脂肪酸、三酸甘油酯，飽和、不飽和、多元不飽和等概念，以及所謂的快乾油！我恍然大悟，原來油脂真的會乾燥化，以及為什麼有些油會乾燥化，有些油又不會乾燥化。我知道要怎麼跟幾年前那位學生解釋了。這本多次改版的小冊子成為我多年來的參考書。

我持續嘗試各式各樣的植物油，後來芝麻油取代橄欖油，成為我製作藥草膏的首選。芝麻油沒那麼油膩，可以提高成品的品質，尤其是潤膚膏。有機的油脂越來越普遍，價格日益親民，當然也是我嘗試的範圍，包括廠商開始販售的那些標新立異、卻不一定是有機的植物油。哪些是標新立異的植物油呢？後面會分曉。

2012 年，我受邀到加州講課，教授製作潤膚膏和草本精華乳。我之後到太平洋西北地區講課時，學員紛紛詢問我，能不能拿到我那本植物油手冊。

十年來，我到處販售小冊子。這些年，我持續使用油脂，知識的底蘊豐富了不少，於是不斷增訂新的內容。我還鑽研化學成分和油脂結構，把原本的內容解說得更清楚。換句話說，我整個大改寫，原本只有三十六頁，後來增加到八十幾頁，這本書最後變成三百多頁。起初只介紹三十六種植物油，後來陸續增加到七十種，迄今累積到九十九種。不僅增列油脂和脂肪酸的圖表，還整理附上各種好用的速查表和參考文獻。

研究和改寫的過程，重燃我對這個主題的熱情，現在的我，大概一半的身體都泡在植物油裡了吧！前幾版的手冊鎖定植物油的化學成分和結構，但還有很多重要內容沒講到，例如：色澤、質地、滋味、功效和用途，為了一併說明，所以我做了更多研究，讓自己沉浸在油脂的世界中。

這本書大部分的研究成果，都是我的個人經驗。我訂購產量稀少的特殊油品，體驗形形色色的植物油，色澤有紅有綠，有各式各樣的黃色調，還有透明無色。我透過親身體驗，更認識每一種油脂。我每天養成習慣，洗完澡，一定會取用少量的單品油，在我濕潤的手臂、頸部和臉部肌膚搓揉，用心感受油脂的觸感。果然，每種油帶給我的感受都不一樣，以前我只用頭腦思考，現在我的身體已學會去感受質地、氣味和效用的差異。

每一種植物油都有自己的招牌特色，反映出它的品種和地理起源，各有不同氣味和觸感——有些好吸收，有些不好吸收；有些會在水中形成一層白色薄膜，有些不會；有些停留在皮膚上一整天，有些塗抹在皮膚上幾分鐘就不見蹤影。每當我體驗這些五花八門的油脂時，心中又會浮現更多想不通的謎團和問題。

這一切都是經驗學習、研究和懷疑的成果。知識會不斷累積。這本書是我目前為止的所學成果和體驗，而我將持續學習下去，永不停歇。

我希望這本書可以幫助愛手作的人、一直在使用芳香植物和香草的人、按摩治療師、生活美學家、手工皂玩家以及任何對植物油感興趣的人。如果你有使用油脂的習慣，想要深入了解這些材料，但願這本書能幫助你，開啟你的研究之路。

蘇珊 M. 帕克

關於化學結構圖

我們從脂肪酸的化學結構圖，可以看出脂肪酸分子中，各個原子的形狀和鍵結。脂肪酸的基本結構一覽無遺！然而，自然界的分子既非靜止，也非絕對，化學結構圖也是如此。脂肪酸的化學結構，會隨著大自然、氧化和氫化作用、人類行為而改變，錯綜複雜，瞬息萬變，難以用平面圖忠實呈現出來，這本書已經盡力了。

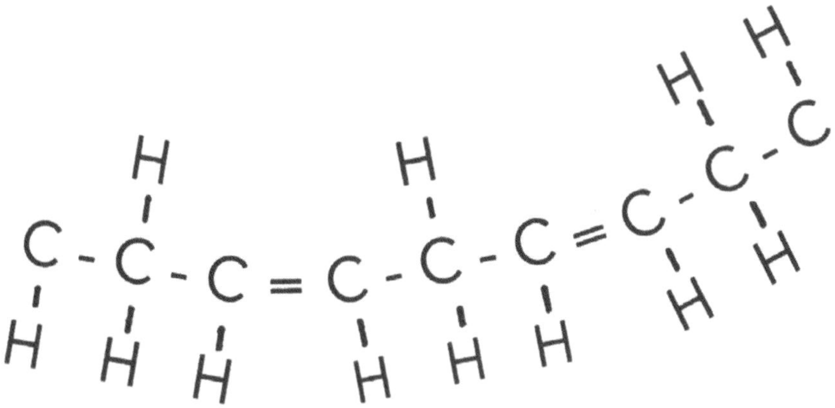

C - C - C = C - C - C = C - C - C

前言

油脂概述

Introduction to Oils

來自世界各地的植物油

油脂是如此的美麗，五彩繽紛，充滿生命力，帶給人滋養、撫慰、喜悅和療癒，從廚房到 SPA 養生館，從產業到臨床，融入生活各個層面，由此可見，油脂不只是超市販售的淺色食用油，在世界上各個角落，有形形色色的油脂，不同的顏色、氣味、滋味和質地，分別有各自的用途和功能。油脂也是值得研究的一大領域。想一想遙遠的國度，當地人如何生產和使用油脂。中非地區的氣溫高，女性撿拾掉落地面的堅果，倒入戶外的大鍋子。木灰的煙燻味，以及油脂加熱的氣味，瀰漫在空氣中。女性一邊勞動，一邊快樂閒聊。等到傍晚，她們就有油可以煮飯了，還有油可以塗抹鼓面，剩下的還可以拿到市場販售。油脂逐漸從堅果分離出來，浮到鍋子的表面。一些女性撈起表面的油，塗在自己的皮膚上防曬。乳木果脂和乳木果油，早已融入她們的日常生活，要是沒了這些油，她們就沒有現在的生活。

我們來到世界的另一端，又到了橄欖成熟的季節，這幾天大家都忙著採收橄欖，送往榨油廠。榨油廠瀰漫著濃郁的辛香味，正是大家喜愛的熟悉氣息，看來今晚的菜餚，會因為這些橄欖油增色不少！明天是打皂日，品質不夠好的橄欖油上不了餐桌，就拿來打皂吧。這個場景可能出現在義大利、西班牙或加州。

植物油的世界無所不包，五花八門。無論哪一個文化、哪一個歷史時期、哪一個世界角落，大家都需要油脂。油脂純天然，堪稱生活必需品，對自然而言是絕佳的潤滑劑，對植物、動物或人來說，始終無可替代。油脂，到底怎麼來的呢？沒錯就是**種子**！種子是大自然專門產油的熱量工廠，儲藏滿滿陽光，準備滋養下一代，直到嫩芽長大可以行光合作用為止。種子、果仁、堅果和果實體，

蘊含了充足的能量和營養，可說是植物界的超級市場，應有盡有。

每一顆種子都可以榨油，從親本植物繼承了獨一無二的特質。雖然油脂有共同類似的結構，但不同的種子會賦予植物油不同的特色，比如橄欖油散發撲鼻的辛辣味，有別於馥郁芬芳的固態椰子油。如果去比較這些油脂，你就會發現級別、種類、品質和特徵都差很大。

古羅馬佛洛拉花神（Flora）掌管植物界，每年生產不計其數的種子。有些種子可以吃，例如南瓜籽和葵花籽。有些種子會直接丟棄，例如西瓜籽和橄欖核。有的種子尚未成形，經常被我們不小心吃下肚，但只要種子成形了，就有產油的能力，舉凡大力的壓榨，輕微的擠壓，化學溶劑萃取，都可以把油脂分離出來。

每一個文化、地區和社區，每一個的飲食和療癒流派，絕對會用到當地的本土油脂。有些原生植物是當地的特有種，為當地人提供食物和藥物，服務了一整個族群。植物油適應了當地的氣候、環境和文化，當地人必需持續地使用本土原生植物，才能夠永久存續和常保健康。

無論是稀有的進口油，還是家裡附近常見的油，對人們都有各種好處和用途。現代有先進的配銷技術，全世界的人都用得到植物油，享受到植物油的營養和料理，把植物油用在製造和工業用途。不同族群之間互相分享植物油，不僅凝聚了彼此，也隱含某種責任。我們必須了解自己對資源的渴求，會對世界其他地方造成什麼影響；我們必須學會尊重當地的文化、環境和生活方式，以公平貿易交換他們的商品。

植物油的繽紛樣貌

各地的樹木、野花、穀物、青草、核果、棕櫚樹、灌木、蔬果，都會長出種子，提供我們榨油。全球各個角落的各種植物，生產了形形色色的植物油，舉凡色澤、氣味、質地、營養成分和療效大不相同。植物油的顏色主要有紅色、橘色、綠色、棕色、金黃色、全透明。每一種色調隱含著不同的性質，賦予植物油各自的招牌特徵，關乎營養成分和外用用途。

說到氣味、滋味、質地和觸感，植物油可能有堅果味、辛辣味、青草味、果香味，也可能馥郁濃稠，或者跟水一樣稀。這些差異會影響植物油的用途和優點。大家吃法國麵包的時候，都喜歡沾一點優質營養的橄欖油吧！印度菜就是要加椰子油，品嚐椰子油濃郁的乳脂。至於中東美食，當然要用辛辣的黑種草籽油囉！中東人也會用這種油來療癒身體。

只可惜，近年來大家誤解油脂的化學成分，擔心油脂在身體作怪，加上科學研究不足，食品工業的政治角力，製造一堆錯誤訊息，以及嚇唬人的說法，讓民眾誤以為油脂不健康，可能導致肥胖。大家千萬別相信這種話啊！還好現代人已逐漸改變對油脂的看法了。

油脂其實攸關身體的健全運作，從營養、療癒和飲食三個層面來維持我們每個人的身體健康。更重要的是，油脂也是靈魂的糧食呢！

珍貴的脂質

油脂撫慰了我們的皮膚和胃，不僅餵飽肚子，也保護皮膚。我們擦油脂，整個人更加容光煥發，趕走了乾燥，填補了皺紋，也補充水分並具有保水效果。古代人經常拿油脂塗抹肌膚，埃及豔后就是最好的例子，她可是古代美女的象徵呢！

古代沒有自來水，不可能每天洗澡。日常清潔不外乎清除前一天的油脂，塗抹新的油脂。油脂可以保護肌膚，防範高溫和空氣乾燥所造成的危害，比方高緯度的氣候，恐怕要以動物脂肪取代植物油，才足夠抵禦嚴寒的天氣。

現代人流行低脂飲食，但最新研究已經為油脂平反。如果每天攝取大量的油脂，反而會減輕體重，因為油脂的風味和飽足感，可以滿足食慾。節食減肥已經是過去式，人其實需要適量的碳水化合物，蔬菜適可而止，多攝取蛋白質。更有趣的是，油脂對體外的皮膚和體內的器官都很好，堪稱生命不可或缺的重要燃料。

油脂對皮膚和身體有顯著的保健效果。認識油脂的結構和成分，讓我們可針對日常需求，挑選最適合的油脂，有很大的幫助。油脂大多兼具護膚和烹調的用途，但仍有一些油脂不可食用，吃了會生重病。有一些油脂適合藥用塗抹，內服卻不是很美味。此外，有一些全方位的植物油，可烹調、可治病、可護膚。

維基百科對於油的定義如下：

> 油是中性且非極性的化學物質。在一般室溫下，呈現黏稠的液體狀。雖然跟水不相容，卻可以溶解於酒精或乙醚。油的

成分以碳和氫為主，通常是易燃和滑溜的特質。油的來源包括動物、植物或石化物質，分成揮發性和非揮發性兩大類。

這段拗口的文字，用了簡短幾個字說明「油」的特性。如果你覺得有一點深奧無法完全理解，不妨跟著我一起學習，很快就會明白了。油有好壞之分、揮發性和非揮發性之分、飽和與不飽和之分，可以應用於料理和護膚，或者當成燃料和產業用途，對生活各個層面至關重要。

專有名詞：何謂必需（essential）？

無論是**精油**（essential oil）、**必需脂肪酸**（essential fatty acid）、**必需營養素**（essential nutrient）、**花精**（flower essence）的英文，都有 Essential 這個英文字，翻譯成中文就是必需和精華的意思。這些名詞分別有什麼意思呢？可不可以交替使用呢？**必需**一詞，已經濫用到失去意義的地步。必需當成形容詞使用，大家想怎麼用都行，但如果作為專有名詞或名稱，當然要準確，否則就失去意義了。為天然化合物命名（包括油脂在內），必須對那個物質有充分的了解，才可能正確描述。

為物質命名的時候，最容易誤用必需這個詞。所謂的必需，一定要攸關人體健康、地球健全或自然本質，屬於關鍵的特質或成分，這樣才稱得上必需。文字和專有名詞最好謹慎為妙，下面列出正確使用的範例：

必需營養素是人體成長茁壯的必要物質，包括維生素、礦物質、蛋白質、油、空氣、水、陽光。至於必需一詞，冠在某些油脂就有誤用之嫌，雖然這些油脂值得攝取，有益身體健康，但油脂只包含兩種**必需脂肪酸**，至於其他脂肪酸呢？雖然重要性不容小覷，但人體可以自行生成，或者由兩種必需脂肪酸逐步合成。

範例一：油對於飲食是必需的。這段話是對的，也有正確使用「必需」一詞。

範例二：橄欖油對於身體健康是必需的。這段話暗示大家，橄欖油是每個人非得攝取的必需營養素，雖然橄欖油很棒，對身體健康有幫助，但是絕非必需，你大可用其他類似的油取代。

範例三：橄欖油對於義大利料理是必需的。橄欖油放在這句話就毫無疑義了。

由此可見，名詞的意義和使用方法很重要！

精油是另一種植物化合物，有別於從種子榨取的植物油和脂肪酸。精油通常有香味，功用類似信使分子（messenger molecule），可謂整株植物的**精華**，植物的命脈。精油一詞出現英文字essential，象徵這個化合物對於植株本體的重要性，雖然我們使用精油會快樂和獲益，但對人體的健康並沒有必要性，精油對植物本體而言才是必需的，對我們人類並不是。

花精是從花朵萃取的能量物質，大家經常跟精油搞混，因為名稱相似，都跟花朵有關，可是花精並非從花朵萃取的化合物，而是從花朵捕捉的能量印記。這是花朵本身的療癒振頻，屬於花朵必需的非實體特質，會透過酒精來保存，無香無味，對個人情緒狀態有溫和的療癒效果。

PART 1

植物油的世界

Oils of the Plant World

植物油的來源

油可以分成兩大類，第一類是生物油，從植物和動物取得，第二類是石油。石油的字首 Petra，正好是希臘字的岩石。所謂的石油來自古老的有機物質，這物質已經老到像岩石一樣。石油適合工業用途，尤其是石化工業，但不適合用在身體，因此這本書主要探討的是從植物萃取的植物油。

天然生物油就類似人體自行分泌的油脂，其中的成分可以滋養和保護皮膚細胞。植物王國遍布於世界各個地方，只有北極圈除外。極地長不出可以榨油的植物，當地居民只好仰賴動物油脂來常保健康和延年益壽，極地以外的地區倒有形形色色的油可用，種類出奇的多！

非揮發性油，含有脂肪酸，不會揮發，可以食用和做料理，亦可以當成燈燭的燃料，塗抹在皮膚上，不僅是感官享受，也有保護作用。這些油脂都源自於種子，包括核果、穀物、核仁、果實體。種子無論有多小，都有能力孕育下一代。果實體是種子的一部分，比如橄欖核外面的果肉、酪梨籽外面柔軟的果肉。橄欖和酪梨都可以榨油，分別是兩種截然不同的油品。橄欖果肉壓榨的橄欖油，分成幾個不同等級，就連橄欖果核也可以榨橄欖果渣油（pomace）。酪梨油可能從果肉或果核榨油。植物界大至椰子，小至覆盆莓籽，各種核仁、核果、內含油脂的果實、種子都可能榨油。

有些植物還會產生揮發性油，也就是芳療所使用的精油，可以添加到乳液或清潔用品，多一分香氣。市面上有很多書籍和網站專門探討精油。精油也是來自植物界，但特別的是，植物各個部位都可以萃取精油。我們之後會解釋這跟非揮發性油的差異，現在先介紹這本書的主題：非揮發性的固定油。

脂質、固定油、基底油和基礎油

植物油內含植物界特有的成分。油的英文是 oil，源自法文 oile 和拉丁文 oleum，更早的源頭其實是希臘文 elaion（意思是橄欖）。每一種油都是一種整體，有各自獨特之處。甜杏仁油是杏仁樹的杏仁果壓榨而成，所以甜杏仁油內含的化合物，剛好呈現杏仁果專屬的成分比例。甜杏仁油會隨著季節、地區和品種而有些微差異，甜杏仁油就是所有杏仁果的縮影，橄欖油和葵花油也是如此。

油一定是脂質，但脂質不一定是油。**脂質**的英文 lipid，源自希臘文 lipos，意思是脂肪，占了油的成分 95～99%，所以是主要成分。脂質有固定的基礎單位，脂肪酸和三酸甘油酯皆為脂質的成員（第二章，我們再來深入探討脂質的結構）。

在整個自然界，動植物都會產生脂質。植物的種子、核果、核仁，有賴油脂所提供的能量和營養，才能夠成功發芽。植物把陽光的能量儲存起來，作為傳宗接代的必要營養，剛好可以讓我們榨出各式各樣的油。植物油屬於優質的脂質，也是營養的化合物，除了有脂質的成分，也富含非脂質的營養素，例如蛋白質、蠟、維生素、礦物質、抗氧化物、維生素 E、葉綠素、植物固醇、角鯊烯，有助於種子發芽長大。

這本書專門探討的植物油，通常稱為固定油（fixed oil）、基底油（carrier oil）、基礎油（base oil）。這些油的分子大，不會揮發，所以是**固定油**。精油分子小，會揮發，屬於高濃度的化合物，不可以直接塗抹在皮膚，必須先用**固定**的**基礎油**稀釋，作為精油的**基底**。

非揮發性油有不同的性質，有的是液態油狀，有的是固態脂狀。從植物的種子、核果和核仁榨油，通常要施加壓力，然後再依照用途，進行後續的過濾和精煉。有些固定油源自於油料作物，即農民專門種植那些植物來榨油，但固定油也可能是食品製造過後的副產品。橄欖和葵花是專門榨油的油料作物，至於一些比較新穎的油，例如覆盆莓籽油、藍莓籽油或番茄籽油，則是先除去果肉再榨油，所以是食品製造的副產品。

油（oil）vs. 脂肪（fat）：固態脂肪融化後，看起來就像液態油。脂肪和油的差異，在於結構和萃取來源，而非化學成分。脂肪通常是動物性的，呈固態；油是植物性的，呈液態。固態植物油一般稱為脂（butter），例如芒果脂或乳木果脂，但分類的時候，仍會歸在油類。

最重要的是，脂肪和油都是活體生物的基礎構成單位。人體細胞有 50%是脂肪，人腦甚至有高達 60%是脂肪。每個細胞結構都包含脂肪，脂肪攸關人類的生命週期，讓人體複雜的生物機能得以順利運轉。由此可見，**低脂**飲食或**無脂**飲食都是在違反自然。

我研究世界各地的油，發現大家會由衷的尊敬產油的樹木和植物，甚至奉為神祇。當地人對油的稱呼，不乏黃金或生命等詞彙，例如**液態黃金**、**喜悅之金**（亞麻薺油的別名）、**生命樹**，或者有**油樹**的敬稱。大溪地會祭拜瓊崖海棠樹，聽說地方神祇會坐在樹枝上，笑看人間發生的大小事。至於中東地區，穆罕默德把黑種草的小種子，視為健康的泉源，可以治百命（除了死而復生做不到！）全世界每一個文化和族群，都相信油是常保健康和幸福的關鍵。

工業也會用到植物油。夏威夷石栗油，又稱為燭豆油，最初是作為燈油，後來有各式各樣的商品用途，令人眼花撩亂。現代製造業把油應用在各層面，包括烤漆和地板材料，也開始製成汽車生質柴油。

油確實是生命的根基，無論是宗教或世俗的用途，皆跟生活息息相關。這本書主要探討植物油，鎖定外用塗抹以及對皮膚的效果。在進入植物油的正題之前，先來介紹另一種從植物萃取的油，稱為精油。

精油

精油也是從植物萃取的油，內含揮發性的成分，會瀰散到空氣中，一邊揮發，一邊釋放香氣。精油複雜的芳香成分，成了每一種芳香植物的正字標記，例如薰衣草就是跟檸檬不一樣，玫瑰就是跟花梨木不同。精油堪稱是芳香植物的命脈。

精油跟固定油的化學結構不一樣，固定油以脂質為止，反觀精油的主要特徵是香氣和揮發性，有別於固定油的脂肪和油。芳香植物獨有的腺體會分泌揮發成分，而且腺體不侷限於特定部位，葉子、花朵、根部、樹皮、果皮、木質、樹脂和膠質都可能萃取精油。部分植物種子也有香氣，一來可壓榨固定油，二來可蒸餾芳香成分，胡蘿蔔籽就是一個例子。

芳香成分對植物生命的作用，我們至今仍未有定論。有的芳香成分可能跟植物的免疫系統有關；有的可能是植物代謝的最終產物。大家越來越覺得精油的成分出奇複雜，植物為了自身的需求，分泌出數十萬種有機化學物質。大家再怎麼努力研究，恐怕也搞不清楚芳香成分對植株的效用。所謂的芳香成分，除了是保護植株的抗氧化劑，還有殺菌、抗發炎、抗病菌、抗寄生蟲等成分。這些芳香成分會吸引昆蟲、動物和人類，幫助植物傳宗接代。

目前有各式各樣的萃取法，可以從植株分離出揮發性精油，最常見的是水蒸氣蒸餾法。所謂的水蒸氣蒸餾法，是把植株置於密封容器，以水蒸氣滲透植株，揮發植株特有的芳香成分。這時候，比較輕盈的揮發性精油，浮在蒸餾水的表面上，精油廠商會趁芳香成分揮發之前，趕快濃縮和萃取，而那些蒸餾水就稱為純露，從密封容器底下流出。大部分植物都含有芳香成分，但不是所有植物都適合水蒸氣蒸餾法。

精油會用在芳療，純露可以護膚、居家清潔或烹調，例如中東傳統料理會添加玫瑰花和甜橙的純露，增添微妙香氣。薰衣草純露適合洗滌細緻的布料，並可安撫神經緊張。

然而，並非所有植物都會把珍貴的精油和香氣釋放到蒸氣中，所以還有其他的精油萃取法。溶劑萃取法用的是酒精或油脂（所謂的脂吸法），可以取得原精或花蠟，用途類似精油。現代二氧化碳超臨界萃取法，也是會得到原精和花蠟，只差在不是高溫萃取。

每一種植物所蘊含的揮發性物質，隨著品種而有所不同，以致市面上精油的價格不一。正因為如此，常見的精油價格親民，30ml純精油只要幾百元，但稀有的精油，例如玫瑰和香蜂草精油，30ml未經稀釋的純精油，可以賣到幾萬元。

揮發性精油帶有植物的療效，但療效取決於植物的化學成分，可做成潤膚霜、藥草膏、磨砂膏、身體油或肥皂，外用塗抹對身體好處多多。芳療發源自法國，顧名思義是以精油療癒身體，一九九〇年法蘭貢（Pierre Franchomme）和潘威爾（Daniel Pénoël）出版了《精確芳療學》（L'aromathérapie exactement）一書，這本芳療聖經統整了現代科學原則和芳香整體療法。

香精油（Fragrance oil）不是精油，這香氣是人工合成的，價格便宜，化學成分一致，深得化妝品工業的心，可是香精油對健康無益，也沒有療效，加上是人工合成的，如果長期累積在感覺器官，恐怕會引發過敏和敏感。

油的靈性層面

物質層面會受到靈性層面影響，這麼說來，油的靈性特質應該是溫暖的。威廉・百利金（Wilhelm Pelikan）在《療癒的植物：論靈性科學》（Healing Plants: Insights Through Spiritual Science）一書，指出油具有溫暖的靈性特質，包括精油和固定油。雖然從物質層面來看，固定油和精油毫無關聯，但是從心理層面來看，兩者分別象徵著兩個極端。

固定油和精油都屬於溫暖的特質，卻分屬兩個極端——一個易揮發，一個是固定的物質，精油和固定油以截然不同的形式展現溫暖。

固定油不是油就是脂，以固定的物質散發溫暖的靈性特質，可以點亮黑夜和加熱食物，包括橄欖油、椰子油、葵花油、可可脂。精油則是另一個極端，易揮發、芳香、瀰散、會發散，可以經由空氣傳遞到鼻子，讓我們嗅吸得到。這些植物的香氣包括薰衣草或檸檬等精油。

由此可見，精油和固定油的性質都是溫暖的，卻分別盤據在光譜的兩端，其中一端是固定的實體，呈油狀或脂狀，另一端是易揮發、瀰散和散發芳香。一個集中，一個發散；一個是固定物質，一個在空氣瀰漫，形成強烈對比。

從化學結構來看，固定油就是碳分子的長鏈，長鏈可能會彎曲、有角度或筆直，性質濃稠油滑。如果紙張或衣物沾到固定油，絕對會留下油漬。固定油要不是保持脂狀固態，就是有可能乾掉，變成黏呼呼的狀態。無論如何，會維持實體的存在，基礎成分皆為脂質。

反之，精油的化學結構是碳分子的短鏈，黏度和蒸氣壓都是低的，很容易揮發，導致精油一直在發散，把香氣散發到周圍環境中，所以這些不是脂質，而是芳療精油。

植物油的產地差異

植物王國遍布全球，只有極地除外。東南西北的植物都會產生種子，種子大多可以榨油。不同的氣候，產出不同種類的油。地區差異會影響油的特質，所以高緯度出產的油，跟赤道出產的油之間，當然有天壤之別。

比如南北半球的溫帶地區，植物生長條件會隨著季節更迭，每一個季節的日照長短和氣溫差異大，當地的植物特別會受到地球軸心和光照的影響。

溫帶地區植物所壓榨的油，稱為不飽和液態油，具有**活性**，比起赤道地區的油更容易跟氧分子結合。溫帶和赤道的環境正好相反，包括日照時間短，有季節更迭，以致溫帶地區植物油的碳鏈特別親近氧氣，大家在使用這些油的時候，一定要避免氧化，否則會有油耗味，例如亞麻籽油、核桃油或奇亞籽油。

至於赤道等熱帶地區，植物生長情況截然不同。棕櫚樹之類的非落葉樹，樹枝高聳入雲，樹根深入地底，花朵和果實莢從樹幹和樹枝向外生長，這種永無止盡的生長模式，展現出更強烈的大地力量，當地季節或氣溫的波動不大。

熱帶和亞熱帶的植物生長茂盛，會產出固態或半固態的植物油或植物脂，從化學結構來看，屬於飽和油，不太會跟氧氣結合，加上呈現固態，可以防止油耗變質，無論在什麼狀態都保持穩定。

熱帶植物油比起溫帶植物油，天然防曬效果更好。熱帶地區的陽光毒辣，特別需要防曬，所以這是大自然的恩賜。固態飽和油會軟化和防護皮膚，雖然皮膚不容易吸收，卻會形成保護膜，為肌膚和身體保濕，例如椰子油、可可脂、乳木果脂、芒果脂。

 油在文化中扮演的角色

說到部落傳統文化，果仁和核仁通常是婦女負責採收和處理，然後給家人和族群使用。油屬於家政的範圍，包括烹調、美體、護髮、嬰孩照護、製作蠟燭和點燈，還有製作肥皂和民俗療法。油與香氣向來是女性的技法，可以增添女人味。埃及豔后以香甜的植物油塗抹全身，一來阻絕惡劣的環境，二來勾引敵國的將領馬克・安東尼（Mark Antony）。

至於工業和製造業用途，把植物油帶到家政領域之外，走出了家庭，進入男性的潤滑文化。大量植物油收集起來，經過精煉之後，可以促進科技創新，改造環境。油是機械的潤滑劑，還可以製作塗料和亮漆、地板材質和各種現代原料。

恩膏油是聖經和古籍的常客。橄欖油是地中海地區的聖物，橄欖油製成的恩膏油，可以賦予人、物品或建築物崇高的地位。神職人員先淨化恩膏油，再淋在或塗在人和物品，讓神祇得以賜福人間，把人和物品加以神聖化。傳統文化對於油懷抱著尊敬的心，認為油是神明的住所。印度阿育吠陀哲學和養生法，就是在各個層面廣泛使用芝麻油。

這些神奇、特殊、重要的自然物質，到底有什麼性質呢？

PART 2

脂質的化學結構和化學成分：固定油的化學結構

Lipid Structure and Chemistry 101：The Structure of Fixed Oils

油是大自然的產物，每一種植物都有各自獨特的油品。雖然同一個植物家族，同一個地理區產出的植物油，會有相似之處，但只要植物的來源不一樣，油品終究有所差異。儘管如此，油仍有共通的化學結構，主要分成兩大部分，絕大部分是脂質（占了 85～99%），由脂肪酸所組成，其餘是植物本身的化合物，可以賦予植物油個性、色澤、滋味和香氣。光是這麼簡單的成分，就會幻化出千變萬化的組合。

脂質的化學結構，堪稱一門大學問，絕非這本書可以說盡，可是想要認識植物油，分辨各種植物油的差異，一定要對化學成分和結構有基本概念。本章會介紹「脂質化學入門」，探討固態油和液態油的差異，為什麼有些油會乾掉，為什麼有些油不會，為什麼油

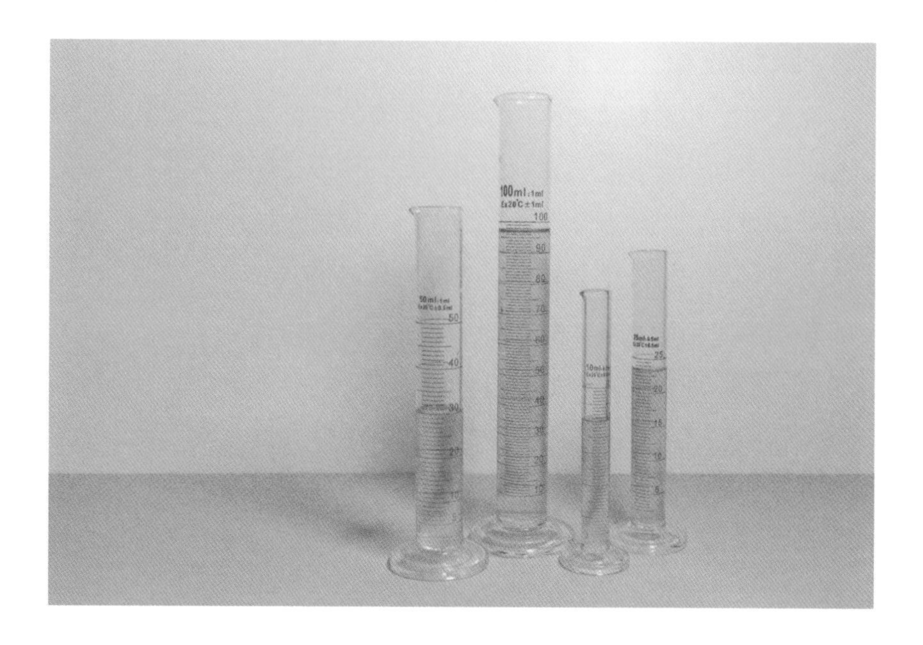

會疏水親脂，為什麼油有不同的色澤、質地和觸感。掌握相關的專有名詞，絕對會有幫助，例如油作為化學單位有**疏水性**（hydrophobic），所以會排斥水；有**親脂性**（lipophilic），所以會吸引其他油脂。疏水性和親脂性兩個專有名詞，分別象徵油脂會排斥水和吸引油，而**親水性**（hydrophilic）和**疏油性**（lipophobic）就是吸引水和排斥油的意思。水的化學屬性是易溶於水的極性（polar）化合物，油是不溶於水的非極性（non-polar）化合物，由此可以見，油並不溶於水。

 脂肪酸和三酸甘油酯

脂與油，包含動植物兩種來源的脂質，主要由脂肪酸構成。說到脂肪酸的化學結構，其實是數量不一的碳原子組成長鏈，大多數碳原子還會再連結氫原子。脂肪酸個別的性質，以及油脂各自的特性，都是取決於碳原子和氫原子之間的鍵結模式。

脂肪酸（Fatty acid）是油脂的基本組成單位。

脂肪酸的**碳鏈**（Carbon chain）長短不一，碳原子少至個位數，多至 24 個。碳鏈的長度攸關脂肪酸和油脂的特性。每一種油脂的碳鏈長度不同，分成短鏈、中鏈和長鏈，甚至還有極長鏈，所以才有形形色色的油脂，堪稱大自然神奇的發明！

脂肪酸會構成**三酸甘油酯**（Triglyceride）。所謂的三酸甘油酯，就是三個脂肪酸分子，連接一個甘油分子，基本化學結構像大寫 E。

脂質＝三酸甘油酯＝1 個甘油分子＋3 個脂肪酸分子

甘油分子是三酸甘油酯的主幹，至於三個脂肪酸，不妨想像成三根手指，連結甘油這個「手掌」。無論是飽和或不飽和脂肪酸，都要有甘油的「手掌」，唯一的差別就在「手指」，例如有不同的粗細、形狀、長短和型態。

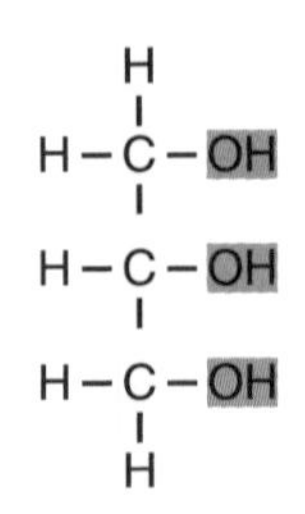

甘油分子是三酸甘油酯的主幹，猶如大寫 E 的那條垂直線

三酸甘油酯的甘油主幹，由甘油分子構成。甘油分子包含了三對的碳氧氫原子。大家先看右頁左圖的甘油主幹，氧原子連結氫原子，形成羥基（-OH）。再看右圖，脂肪酸會連結每一對羥基，最後形成三酸甘油酯。羥基

可溶於水，所以甘油是極性物質。極性物質不僅溶於水，還會吸引水，具有親水性。

甘油（Glycerin），廣泛應用於護膚、食品和工業。三酸甘油酯的甘油分子，正是甘油的來源，通常會透過水解反應，靠著氫氧離子，把三酸甘油酯中的脂肪酸解放出來，區分出游離脂肪酸和游離甘油。

甘油黏稠無色，滋味甘甜，如果跟相同體積的水比起來，重量多了 20%。甘油升糖負荷（Glycemic load）低，不像糖類那麼容易被人體吸收。甘油可製成草本甘油劑，作為防腐和萃取的介質。無論是在美妝或護膚領域，都把甘油當成保濕劑使用，因為甘油本身會吸水，可以提升身體組織的濕度。

水解（Hydrolysis）是肥皂製作的關鍵化學作用，只不過肥皂大廠會刻意除去肥皂中的甘油，作為其他用途，或者當成副產品販售。至於手工皂的製程，即使那麼高科技，仍會保留甘油，對皮膚反而比較好。

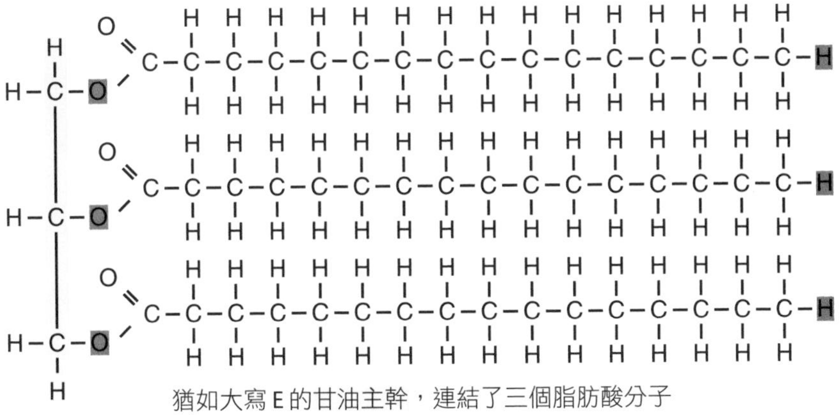

```
             O    H H H H H H H H H H H H H H H
     H        \\  | | | | | | | | | | | | | | |
     |         C-C-C-C-C-C-C-C-C-C-C-C-C-C-C-C-H
   H-C-O      /   | | | | | | | | | | | | | | |
     |            H H H H H H H H H H H H H H H
     |       O    H H H H H H H H H H H H H H H
     |        \\  | | | | | | | | | | | | | | |
     |         C-C-C-C-C-C-C-C-C-C-C-C-C-C-C-C-H
   H-C-O      /   | | | | | | | | | | | | | | |
     |            H H H H H H H H H H H H H H H
     |       O    H H H H H H H H H H H H H H H
     |        \\  | | | | | | | | | | | | | | |
     |         C-C-C-C-C-C-C-C-C-C-C-C-C-C-C-C-H
   H-C-O      /   | | | | | | | | | | | | | | |
     |            H H H H H H H H H H H H H H H
     H
```

猶如大寫 E 的甘油主幹，連結了三個脂肪酸分子

 碳鏈

脂肪酸一律由碳鏈構成。碳原子彼此相連，就稱為碳鏈。下一個章節會看到這些碳原子會連結氫原子。碳鏈的某一端會連結氧原子和羥基（亦即成對的氫氧，-OH），形成脂肪酸，稱為帶有**脂肪族**（Aliphatic）長尾的**羧酸**（Carboxylic acid）。每一個脂肪酸都有類似的化學結構：

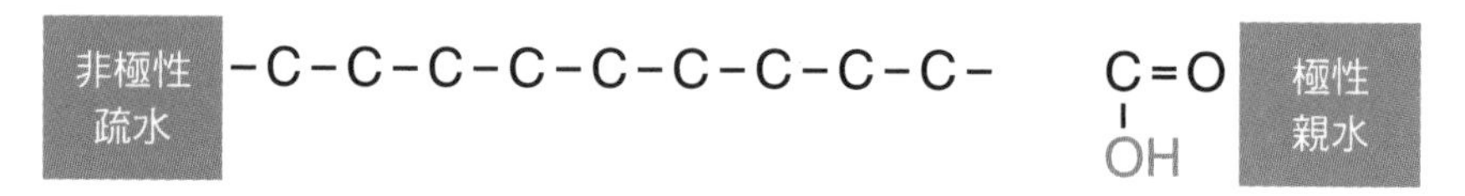

碳鏈

一條鏈有兩端，碳鏈也不例外。碳鏈的其中一端是水溶性的羧酸（具親水性，喜歡水），此端會連結甘油分子。碳鏈的另一端是脂肪族，無拘無束，不連接任何東西，但因為是脂肪，不溶於水（具疏水性，討厭水），具有抗水性，才會形成油脂，亦即三酸甘油酯，屬於非極性物質。再提醒一次，**極性**會親水，**非極性**會疏水。

化學這一門科學，專門探討物質的結構、成分和轉化。原子與原子之間靠共用的電子連結，進而形成分子。碳原子永遠跟其他原子共用 4 個電子，氧原子則共用 2 個電子，氫原子則共用 1 個電子，絕對沒有例外。

氫原子最多只會跟 1 個原子共用電子，寫成 H-

氧原子最多只會跟 2 個原子共用電子，寫成 -O-

碳原子最多只會跟 4 個原子共用電子，寫成 -C-（上下各一鍵）

脂肪酸

脂肪酸的形式五花八門，分成飽和與不飽和、長鏈和短鏈、垂直與彎曲、多元不飽和與高度不飽和。脂肪酸有各種結合方式，留待後面章節再來說明。形形色色的脂肪酸，構成我們在市面上看到的油脂。碳鏈的長度不一，碳原子的數目從 4 個到 24 個以上不等，碳鏈其實就是脂質的分子組成單位。有些脂肪酸很常見，例如油酸；有些比較罕見，例如石榴酸，僅存在於少數油品之中；有些脂肪酸的占比不高，卻是極為關鍵的成分，例如棕櫚油酸和肉豆蔻酸。

化學所謂的**同分異構物**（Isomer），意指兩個分子有相同的化學式，卻有不同的原子排列，最好的例子是食物裡的脂肪酸，經過我們身體消化之後，轉化成身體需要的形式，雖然還是脂肪酸，但已經跟原來不一樣了，這屬於自然生成的異構物。脂肪酸的異構化，也會在高溫或氫化作用發生，只不過這就是人為造成的。

脂肪酸依照碳鏈的長度分類。**短鏈脂肪酸**的碳原子數目少於 8。**中鏈脂肪酸**的碳原子數目介於 8 至 12 之間。**長鏈脂肪酸**介於 14 至 18 之間。**極長鏈脂肪酸**的碳原子數目超過 20，但比較少見。

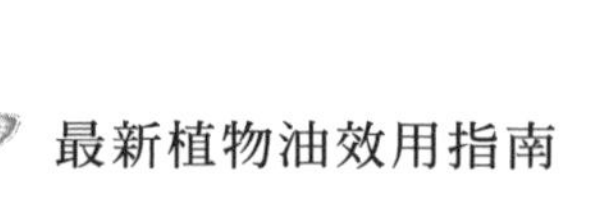

 飽和的油脂和脂肪酸

固態植物脂，例如可可脂和乳木果脂，含有高比例的長鏈飽和脂肪酸，動物性脂肪也是如此，絕大多數都是飽和的。大家注意看飽和脂肪酸的碳鏈，所有碳原子（C）都被氫原子（H）**充滿了**。換句話說，飽和脂肪酸每一個碳原子，都另外連接兩個氫原子。每個碳原子都跟兩個氫原子連在一起。

```
  H   H   H   H   H   H   H   H   H
  |   |   |   |   |   |   |   |   |
- C - C - C - C - C - C - C - C - C -
  |   |   |   |   |   |   |   |   |
  H   H   H   H   H   H   H   H   H
```

飽和脂肪酸的碳鏈

飽和脂肪不會乾掉，永遠保持油滑，觸感滑溜。雖然固態油有可能融化，但是會重新凝固，絕對不會**乾掉**。所謂的飽和，關乎原子之間的吸引力，因此飽和脂肪酸的碳鏈，碳原子之間不可能有雙鍵（double bond），每一個碳原子都被氫原子「充滿了」，其中有兩隻手拉著碳原子，另外兩隻手拉著氫原子，沒有手可以拉其他原子了。這是氫原子和碳原子構成單鍵長鏈，不易發生化學反應，加上沒有多餘的電子，電子也不會傳遞。

碳原子跟氫原子共用電子，稱為氫鍵。飽和固態脂肪的每一個碳原子都有連結氫原子，所以飽和脂肪酸的分子直挺挺，絲毫不會彎曲，分子之間能夠緊密結合，所以在室溫下才會呈現固態黏稠狀。碳鏈越長，熔點越高，室溫下越是堅硬。

下列是 9 種常見的飽和脂肪酸，碳原子數目從 4 到 20 不等。

丁酸（C4:0）

```
    H   H   H
H - C - C - C - C = O
    H   H   H   OH
```

己酸（C6:0）

```
    H   H   H   H   H
H - C - C - C - C - C - C = O
    H   H   H   H   H   OH
```

辛酸（C8:0）

```
    H   H   H   H   H   H   H
H - C - C - C - C - C - C - C - C = O
    H   H   H   H   H   H   H   OH
```

癸酸（C10:0）

```
    H   H   H   H   H   H   H   H   H
H - C - C - C - C - C - C - C - C - C - C = O
    H   H   H   H   H   H   H   H   H   OH
```

月桂酸（C12:0）

```
    H   H   H   H   H   H   H   H   H   H   H
H - C - C - C - C - C - C - C - C - C - C - C - C = O
    H   H   H   H   H   H   H   H   H   H   H   OH
```

肉豆蔻酸（C14:0）

```
    H   H   H   H   H   H   H   H   H   H   H   H   H
H - C - C - C - C - C - C - C - C - C - C - C - C - C - C = O
    H   H   H   H   H   H   H   H   H   H   H   H   H   OH
```

棕櫚酸（C16:0）

```
    H   H   H   H   H   H   H   H   H   H   H   H   H   H   H
H - C - C - C - C - C - C - C - C - C - C - C - C - C - C - C - C = O
    H   H   H   H   H   H   H   H   H   H   H   H   H   H   H   OH
```

硬脂酸（C18:0）

```
    H   H   H   H   H   H   H   H   H   H   H   H   H   H   H   H   H
H - C - C - C - C - C - C - C - C - C - C - C - C - C - C - C - C - C - C = O
    H   H   H   H   H   H   H   H   H   H   H   H   H   H   H   H   H   OH
```

花生酸（C20:0）

```
    H   H   H   H   H   H   H   H   H   H   H   H   H   H   H   H   H   H   H
H - C - C - C - C - C - C - C - C - C - C - C - C - C - C - C - C - C - C - C - C = O
    H   H   H   H   H   H   H   H   H   H   H   H   H   H   H   H   H   H   H   OH
```

飽和脂肪酸；碳鏈長度從 4 個到 20 個碳原子不等

熔點（Melting point）是油脂從固態融化成液態的溫度，取決於脂肪酸碳鏈的長度及飽和度，如果碳鏈長度相等，不飽和油脂的熔點會比飽和油來得低。拿飽和脂肪酸來說，如果帶有 4～8 個碳原子，在室溫下會呈現液態，例如牛奶和奶油的脂肪酸；如果帶有 10 個碳原子，在體溫下才會呈現液態；如果帶有 14 個以上的碳原子，除非要加熱，否則不會融化。

不飽和脂肪酸

不飽和脂肪酸有別於飽和脂肪酸，整條碳鏈會在兩個碳原子雙鍵相連處（=），形成自然的彎曲，以致不飽和脂肪酸之間難以緊密結合，呈現液態。飽和脂肪酸與不飽和脂肪酸的碳鏈大致類似，唯一的差別在於氫原子的排列。

不飽和脂肪酸顧名思義，就是碳原子「並沒有被氫原子充滿」，碳鏈其中一段氫原子，遭到雙鍵取代。

```
      H                 H           H
      |                 |           |
  C - C - C         - C - C = C - C -
      |                 |   |   |   |
      H                 H   H   H   H
```

飽和　　　　　　不飽和

現在看到不飽和脂肪酸的碳鏈，少了兩個氫原子（H），取而代之的是雙鍵，介於兩個碳原子之間，別忘了我們說過，碳原子永遠會伸出四隻手，跟其他原子共享電子。

這就是所謂的不飽和，有兩個碳原子以雙鍵相連。不飽和脂肪酸的碳鍵中，連續有兩個碳原子只連結一個氫原子，這兩個碳原子之間會以雙鍵相連。少了氫原子，兩個碳原子只好共用兩個電子。現在回想一下飽和脂肪酸，每一個碳原子都連接氫原子，碳原子之間只以單鍵（-）相連。

這個結構決定了不飽和脂肪酸的性質，**整條碳鏈在雙鍵的部位彎曲**，不可能像飽和脂肪酸保持筆直。不飽和脂肪酸通常會有 1～3 個雙鍵，甚至 3 個以上的雙鍵，以致碳鏈扭結。

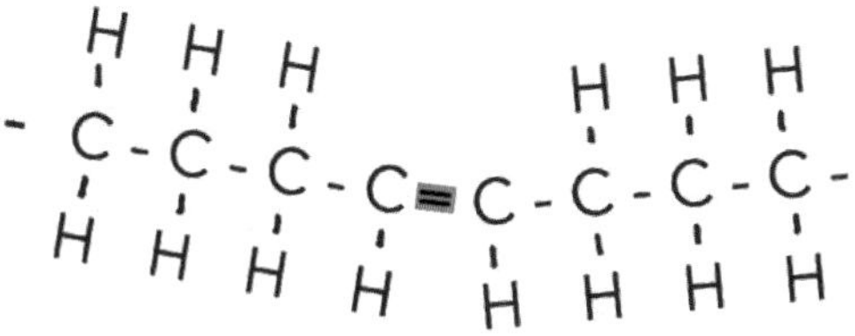

不飽和脂肪酸的碳鏈，順式組態

這就是**順式組態**（cis configuration），碳鏈在**同一側**缺了數個氫原子。這是關鍵特徵，也是氫原子和雙鍵最常見的排列方式。**順式組態**致使不飽和脂肪酸彎曲。如果脂肪酸碳鏈有多處彎曲，碳原子就無法緊密連結，物質密度就沒有那麼高，於是脂肪酸會呈現液態，而非固態。雙鍵帶負電荷，分子互相排斥，容易延展開來。這就是油脂以不飽和脂肪酸居多的話，大多呈現液態的原因。

單元不飽和脂肪酸

所謂的單元不飽和脂肪酸，碳鏈包含一個雙鍵，比方**橄欖油、芝麻油、甜杏仁油、酪梨油**，以單元不飽和脂肪酸居多。

下圖是**油酸**（oleic acid，C18:1）的碳鏈，屬於單元不飽和脂肪酸。大家注意看：碳鏈同一側缺了兩個氫原子，取而代之的是雙鍵，大致是在中間第 9 個碳原子。單元不飽和脂肪酸只有一個雙鍵，所以比其他不飽和脂肪酸更加穩定。

Omega-9 油酸

多元不飽和脂肪酸

多元不飽和脂肪酸包含 2 個以上的雙鍵，所以碳鏈至少有兩處呈現彎曲。以多元不飽和脂肪酸居多的油脂，通常列為 Omega-6 脂肪酸家族，包括**葡萄籽油、月見草油、紅花油和葵花油。**

右頁上圖是**亞麻油酸**（linoleic acid，簡稱 LA，C18:2）的碳鏈，屬於多元不飽和脂肪酸。大家注意看了，碳鏈有兩處的氫原子被雙鍵取代了。多元不飽和脂肪酸是長鏈，大多有 18 個碳原子，第一個雙鍵出現在第六個碳原子處。

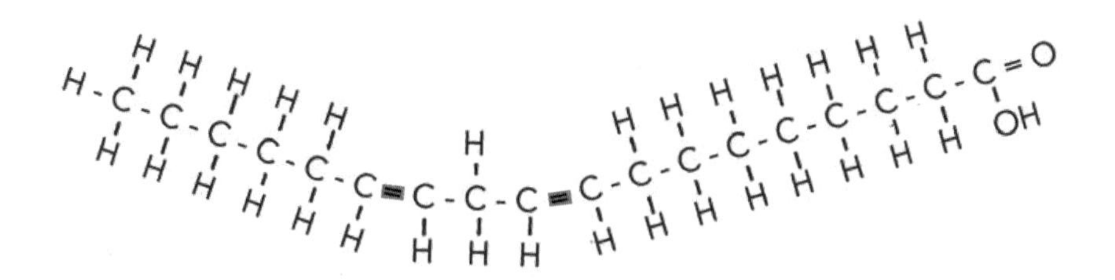

亞麻油酸，Omega-6

高度不飽和脂肪酸／多元不飽和脂肪酸

高度不飽和脂肪酸至少有 3 個雙鍵，直接歸在多元不飽和脂肪酸。既然有雙鍵，碳鏈就會彎曲，以致高度不飽和脂肪酸和其他脂肪酸之間有縫隙。高度不飽和脂肪酸的油品，包括**大麻籽油、亞麻籽油、奇亞籽油、亞麻薺油。**

下圖是α-次亞麻油酸（alpha-Linolenic acid，簡稱 LNA 或 ALA，C18:3），包含 3 個雙鍵，相當於少了 6 個氫原子，屬於 omega-3 脂肪酸家族，第一個雙鍵出現在第三個碳原子處。

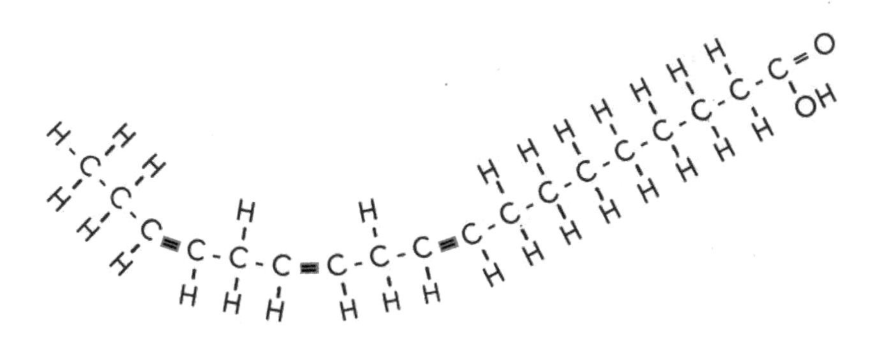

α-次亞麻油酸，Omega-3

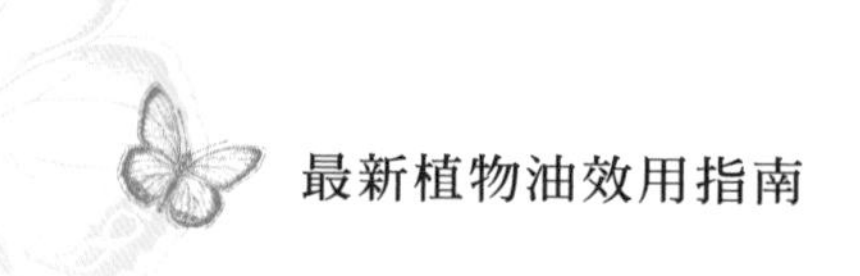

 不飽和脂肪酸和氧原子

飽和脂肪酸穩定又固定，呈現固態；反觀不飽和脂肪酸為碳鏈帶來動能。凡是帶有雙鍵的碳原子，都有可能跟氧原子結合，稱為氧化（oxidation）。如果是食用油，就會有油耗味；如果做成顏料，就有可能乾掉。

保存的時間、環境的熱度、接觸空氣和陽光直射等，都會導致不飽和脂肪酸的碳原子結合氧原子。一旦碳原子結合氧原子，原本鬆散液態的碳鏈，就會開始怠惰不活潑停止氧化。當碳原子連結了氧原子時，這樣的油不只會凝固，還會有乾燥的觸感。

在所有不飽和脂肪酸之中，單元不飽和脂肪酸最穩定。這是因為每多一個雙鍵，就是在製造碳原子跟氧原子結合的機會，油會容易變質。下圖呈現的是，不飽和脂肪酸變質時，氧原子會跟雙鍵的碳原子結合。

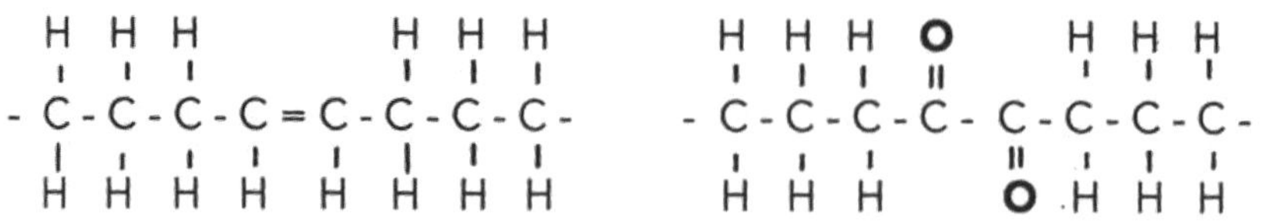

不飽和脂肪酸的碳鏈　　氧原子（O）跟碳原子結合

比起飽和脂肪酸，不飽和脂肪酸的油品較為不穩定，只要接觸到熱氣、陽光和空氣，就容易氧化，一旦氧化或「乾掉」，分子結構就會永永遠遠改變，不可能再融化或「回濕」。為了避免氧化，必須妥善保存，每次使用完畢，就盡快放冰箱冷藏。低溫會延緩氧化，冷藏保存會直接阻止氧化，維持油品的品質。

不飽和脂肪酸的雙鍵，少至 1 個，多至 5 個以上。最常見的不飽和脂肪酸是**單元不飽和**脂肪酸，只含 1 個雙鍵，其次是**多元不飽和**脂肪酸，含有 2 個雙鍵，最後是**高度不飽和**脂肪酸，有 3 個以上的雙鍵。越是不飽和，越易氧化；雖是常態，但也有少數特例。

碳鏈的兩端

脂肪酸碳鏈的長度和飽和度，有很多變化。除了碳鏈本身如此多元，碳鏈的兩端也不盡相同，賦予脂肪酸獨一無二的脂質特性。

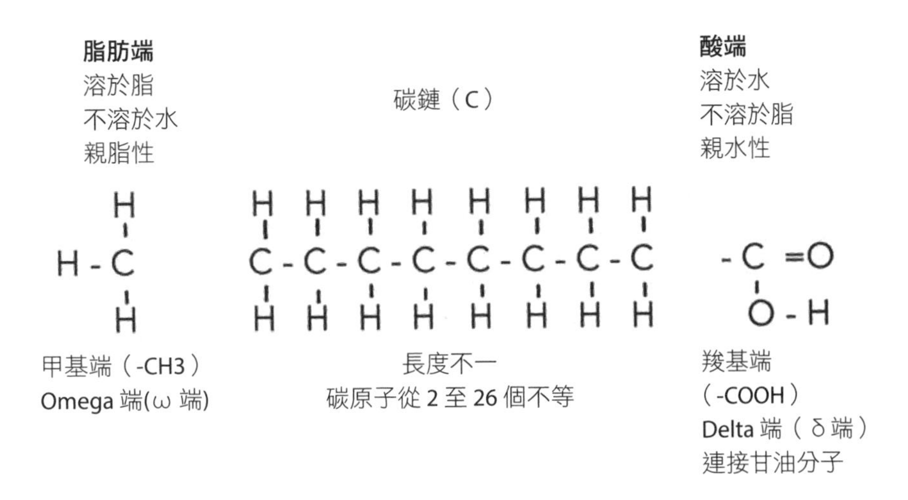

脂肪酸碳鏈的酸端（acid end）溶於水（親水性，喜歡水），又稱為**羧基端**（-COOH），也稱為 Delta 端。脂肪端（fatty end）不溶於水（疏水性，討厭水），又稱為**甲基端**（-CH3），也稱為 Omega 端。

脂肪酸的酸端親水，一律會連接甘油這個「手掌」，以構成三**酸甘油酯**。另一端的脂肪端親脂，使得脂肪酸具油性。脂肪酸的酸端用以連接甘油分子，未連接的脂肪端則表露親脂疏水特性，所以脂肪酸會油油的。

脂肪酸的命名

脂肪酸的速記或編碼

我們從脂肪酸碳鏈的編碼，可以看出碳鏈的長度和飽和度，讓脂肪酸的類型一目了然。（此章節引用自尤多·伊拉莫斯（Udo Erasmus）博士的名著《治病脂肪，致病脂肪》（Fast That Heal, Fat That Kill）第 23～25 頁）例如月桂酸的編碼為（C12:0），意味著有 12 個碳原子，碳鏈毫無彎曲，屬於飽和脂肪酸。

大家看到飽和脂肪的碳鏈，簡單而筆直，每一個碳原子都連接了氫原子。月桂酸是椰子油的主要成分，如果要速記月桂酸的編碼，必須知道碳原子的數目，如右頁上圖所示，總共 12 個碳原子。

```
    H   H   H   H   H   H   H   H   H   H   H
    |   |   |   |   |   |   |   |   |   |   |
H - C - C - C - C - C - C - C - C - C - C - C - C = O
    |   |   |   |   |   |   |   |   |   |   |   |
    H   H   H   H   H   H   H   H   H   H   H   OH
```

月桂酸（C12:0）

因為沒有雙鍵，直接速記為（C12:0），大家不妨翻到前文（P.47）圖表整理了其他飽和脂肪酸的速記名稱。

不飽和脂肪酸也適用於這套速記法，但是要記得在冒號後面，填上雙鍵的數目。速記的公式很簡單，就是（C__：__），前面的空格填上碳原子數目，後面的空格填上雙鍵數目。油酸是單元不飽和脂肪酸，速記為 C18:1，C 是碳原子的意思，18 意味著碳鏈含有 18 個碳原子，1 是單元不飽和脂肪酸的意思，雙鍵只有 1 個。

反之，亞麻油酸速記為 C18:2，雖然跟油酸一樣，都有 18 個碳原子，但是差在亞麻油酸有 2 個雙鍵，所以性質不同。

脂肪酸的名稱

這個部分僅供大家參考，以後在訂購油品或者上網查資料時，都可能派上用場，記得放在手邊，以備不時之需。

脂肪酸當然有名字，就跟我們每個人一樣，有專有名稱、俗名、暱稱，加上脂肪酸是分子，所以還有分子結構「名」。

脂肪酸通常以最早發現的物質命名，例如丁酸是在奶油發現的，所以又稱為酪酸，花生酸是在花生發現的（花生的拉丁學名為

Arachis hypogaea，花生酸的英文是 arachidic acid，兩者顯然有淵源）。硬脂酸（stearic acid）的英文字首，源自希臘文脂肪的字根（stea-）。棕櫚酸（palmitic acid）是在棕櫚油發現的。油酸是最常見的脂肪酸之一，英文名 oleic acid 是以橄欖（olive）命名。

不飽和脂肪酸也有碳鏈，但不是每個碳原子都乖乖連接氫原子。不飽和脂肪酸有幾處的碳原子缺乏氫原子，碳原子之間改以雙鍵連結。我們舉一個例子，亞麻油酸有 2 個雙鍵，下面是亞麻油酸的各種名稱。

｜俗名｜

亞麻油酸（Linoleic Acid）

｜專有名稱｜

cis-ω6, 9-octadecadienoic acid

｜速記名或暱稱｜

C18:2ω6

｜化學結構式｜

```
    H   H   H   H   H   H   H   H   H   H   H   H   H   H   H   H   H   OH
    |   |   |   |   |   |   |   |   |   |   |   |   |   |   |   |   |   |
H - C - C - C - C - C - C = C - C - C = C - C - C - C - C - C - C - C - C = O
    |   |   |   |   |           |           |   |   |   |   |   |   |
    H   H   H   H   H           H           H   H   H   H   H   H   H
```

亞麻油酸的英文俗名 Linoleic Acid，源自拉丁文的亞麻（Linum）。專有名稱為 cis-ω6, 9-octadecadienoic acid，解釋如下：

❄ cis-意謂碳鏈所欠缺的氫原子，剛好都位於碳鏈的**同一側**。

❄ ω6,9 意謂雙鍵的所在位置。大家記得從甲基端算起，以亞麻油酸為例，第一個雙鍵位於第 6 個碳原子，第二個雙鍵位於第 9 個碳原子。

❄ octadeca 意謂總共有 18 個碳原子。

❄ di 意謂有 2 個。

❄ en 意謂雙鍵。

❄ -oic acid 表示脂肪酸。

速記名為 18:2ω6，意謂從甲基端（ω端）算過來第 6 個碳原子，出現了第一個雙鍵。如果忘了這個規則，翻回去前面脂肪酸的結構圖複習一下，甲基端就是所謂的脂肪端，又稱為 Omega 端（ω端），反之羧基端就是所謂的酸端。不飽和脂肪酸的雙鍵，永遠是從甲基端開始算起，因此 18:2ω6 代表著：

❄ 18 是碳原子的數目

❄ 2 是雙鍵的數目

❄ ω6 是第一個雙鍵出現的位置

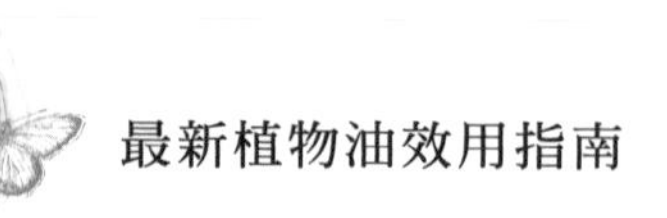

Omega 脂肪酸的分類

脂肪酸的家族以化學結構區分，分別有不同的飽和度。飽和脂肪酸就直接稱為「飽和」，但不飽和脂肪酸有「Omega」的別名，最常見的包括 Omega-3、Omega-6、Omega-9，端視脂肪酸的化學結構而定。

Omega 別名主要看脂肪酸碳鏈，從 Omega 端開始算起，第一個雙鍵究竟出現在第幾個碳原子。如果第一個雙鍵出現在第三個碳原子，那就是 Omega-3 脂肪酸。至於 Omega-9 單元不飽和脂肪酸，就是第一個雙鍵出現在碳鏈第九個碳原子。Omega 類型很多，除了 Omega-3、Omega-6、Omega-9 之外，還有 Omega-5、Omega-7 甚至 Omega-10。

PART 3

除了脂肪酸以外……

Beyond Fatty Acids...

脂肪酸是任何油品的主要成分，但占比絕對不到 100%。長度不一的碳鏈（短至 4 個碳原子，長至 24 個以上碳原子，其飽和度不一），創造出形形色色的油品，但除了脂肪酸這個成分，不同類型的種子，也會賦予油品其他特性。

飽和脂肪酸的碳鏈筆直不彎曲，所以呈現固態；不飽和脂肪酸的碳鏈彎曲，這些碳鏈會彼此兜著圈，所以就算在極度低溫下仍保持液態。單元不飽和脂肪酸的碳鏈則有一處彎曲；多元不飽和脂肪酸的碳鏈，有兩處彎曲，會扭結在一起；高度不飽和脂肪酸會有 3 個以上的雙鍵，碳鏈會極度彎曲，甚至捲曲而結成團狀。正是這些因素，造就出性質各異的油品。

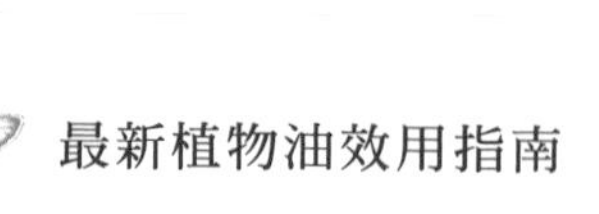

脂肪酸類型	碳鏈形態	油品狀態
飽和脂肪酸	碳鏈筆直不彎曲	固態
	不飽和脂肪酸	
單元不飽和脂肪酸	碳鏈一處彎曲	液態
多元不飽和脂肪酸	碳鏈兩處彎曲	液態
高度不飽和脂肪酸	碳鏈多處彎曲	液態

現在把氧原子考慮進來吧！氧原子會附著在多元不飽和與高度不飽和的碳鏈，進而改變碳鏈的性質，油會變質乾掉。如果你是畫家，當然會樂見其成，但如果你要做沙拉醬，應該會扼腕極了。**多元不飽和脂肪酸**接觸到陽光、熱氣和空氣，會改變化學性質，一不小心就氧化了，久而久之，油會開始凝固。

非脂質的成分

油脂會帶有產油植物本身的特性，這就是脂肪酸以外的性質。油的色澤、滋味、香氣和營養成分不一，油的成分複雜，包含了脂質和非脂質的化合物。

油含有脂質的脂肪酸，把太陽能量儲存起來，以供繁衍之用。油也含有非脂質的成分，滿足嫩芽的健康和生存所需。所謂非脂質的成分稱為**不皂化物**（unsaponifiables），包括維生素、礦物質、蛋白質、蠟、植物固醇、維生素 E、葉綠素、胡蘿蔔素、角鯊烯、抗氧化劑等，構成了植物油的療效。

油的可塑性出奇地好！有些油脂分解後，還可以製成塑膠產品和潤滑油。不飽和脂肪酸的油脂，例如亞麻籽油，又稱亞麻仁油，能製成塗料和地板產品，因為亞麻籽油隨時可以跟氧原子結合，遇到空氣會乾掉，一般人只知道可以拿來食用，殊不知還有許多用途。多元不飽和脂肪酸塗抹在皮膚上，會開始聚合（polymerize），觸感有一點乾澀。多元不飽和脂肪酸本來就會氧化乾掉，如果再加上熱氣或者化學乾燥反應，乾掉的速度會更快。

畫布的英文（Linoleum），就是源自亞麻籽油的脂肪酸成分：亞麻油酸（Linoleicacid）以及 α-次亞麻油酸（α-Linolenic acid），這兩個成分的英文名稱，源自亞麻這種植物的拉丁學名 *Linum*。亞麻環保地板結合了鋸木屑、色素和亞麻籽油。亞麻籽油富含 α-次亞麻油酸，遇到氧原子會逐漸乾掉。很有趣的是，Windows Word 系統也傻傻分不清亞麻油酸和畫布兩個字，每次我想在 Word 打出

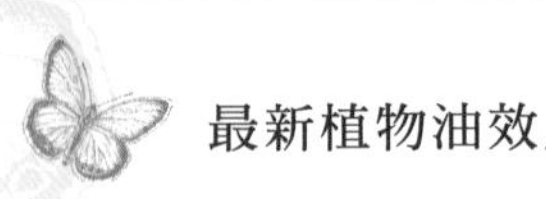

亞麻油酸的英文，自動校對系統會特地糾正我，硬要「修改成」畫布這個字！

亞麻籽油可以製成堅硬的塗料，讓畫作保存幾百年都沒問題。自從文藝復興時代開始，畫家就開始使用亞麻籽油，現代畫家還會用其他油，例如核桃油和罌粟油，因為這些油乾掉之後，並沒有亞麻仁油那麼黃。此外，紅花油和葵花油也因為植物雜交過，有高比例的亞麻油酸，適合做工業和家用塗料的快乾油。

油「乾掉」這回事，在廚房隨處可見。食用油的罐子，摸起來黏黏的，這就是乾燥的化學反應。如果用不飽合脂肪酸的油品烘焙，烤盤經常會留下棕褐色的油漬，不用力刷還刷不掉呢！這就是「乾掉的」不飽和油，所以烘焙最好使用飽和油，例如奶油、可可脂或棕櫚油，就不會有乾掉的情形了。

那些會導致油乾掉的脂肪酸成分，如果能夠保持新鮮，其實是營養成分。亞麻籽油富含高度不飽和的 Omega-3 脂肪酸，最好盛裝在深色的容器，放冰箱冷藏保存，若沒有妥善保存，可能還沒用完就變質了，反而會傷害健康。

大自然的力量令人歎為觀止。多元不飽和脂肪酸的油品中，仍有一些油品可以長時間保持穩定，甚至長達一年以上。這是因為不皂化的療效成分，具有阻絕氧氣的功能，例如天然抗氧化劑，維生素 A、C、E，以及礦物質和植物性成分，都有助於抗氧化，舉凡覆盆莓籽油、小黃瓜籽油和亞麻薺油都特別穩定。

就連帶有多個雙鍵的極長鏈脂肪酸，仍有機會長期保持穩定，**埃及辣木油**和**白芒花籽油**便是一例，這兩種油脂有高比例的極長碳鏈，比方辣木油含有正二十二烷酸／俞樹酸（behenic acid），這是極長鏈飽和脂肪酸，總共有 22 個碳原子，另含有長鏈單元不飽和的油酸，因此辣木油的保存期限長達 5 年之久，像這種含有長鏈不飽和脂肪酸的油品，格外適合製作護膚產品。畢竟要當作護膚產品，保存期限不可以太短，至少要能夠使用數週。

比較兩種油脂：橄欖油和可可脂

橄欖油和可可脂有截然不同的質地、用途、色澤、滋味、硬度和出產地，超適合拿來做比較。這兩種油脂天差地遠，卻有類似的成分，只是差在數量和組合而已。由此可見，就算有相同的成分，仍會有不同的性質。

橄欖油屬於單元不飽和脂肪酸，以馥郁風味和健康功效著稱，廣受歡迎。在室溫下呈現液態，高達 70%都是油酸。事實上，橄欖油也含有飽和脂肪酸，例如硬脂酸和棕櫚酸，大約占了 15%，這就是為什麼橄欖油放冰箱冷藏，飽和脂肪酸的成分可能會凝固。橄欖油其餘 12%的成分，屬於多元不飽和的亞麻油酸，高度不飽和的 α-次亞麻油酸也占了 0.5%，至於其他脂肪酸成分就微乎其微了。橄欖油的不皂化物，大約占了 0.5～1%，包括角鯊烯等成分，賦予了橄欖油特殊的風味和保健功效。

可可脂屬於飽和脂肪酸，散發巧克力香氣，硬度高。由於質地太硬了，不可能直接塗抹在皮膚上，一定要先調合其他沒那麼飽和的油脂。可可脂之所以那麼硬，是因為有高比例的長鏈飽和脂肪酸，包括硬脂酸和棕櫚酸，占了 65%左右。單元不飽和的油酸占了 30%，另有少量的多元不飽和脂肪酸，包括亞麻油酸和 α -次亞麻油酸，其餘是一些不常見的脂肪酸。可可脂的不皂化物低於 1%，但正是這些成分散發出巧克力的風味、香氣和療癒特質。

成分比例	橄欖油	可可脂
單元不飽和的油酸	70%	30%
飽和的硬脂酸和棕櫚酸	15%	65%
多元不飽和的亞麻油酸和 α -次亞麻油酸	12.5%	微量
不皂化物	0.5～1%	<1%

PART 4

全油：品質、數值和精煉

Whole Oils：Qualities, Values, Refining

種子所含的油脂，是為了滿足植物所需，如果我們要使用這些油脂，必須想辦法萃取珍貴的液態油和固態脂，先除去種子或核果，才有可能把植物油應用到人類生活的各個層面。

各種油品有品質之別，價格和價值不一。說到油品的品質，一定要看飽和度、皂化力、分子重量，這幾項早已成為油品基本標示，大家要學會解讀這些數值，對你未來在使用油時絕對有幫助。

精煉也有很多種形式，從種子榨油到最後裝瓶，必須經過層層關卡，包括揀選、處理、精煉、經銷和販售，才會有最終的產品。

皂化價

水解作用可以把油脂（也就是脂質）皂化。所謂製作肥皂，就是油脂皂化的過程，把油脂轉化成全新的狀態。氫氧離子（也就是氫氧化鈉）會分解油脂的三酸甘油酯結構，讓脂肪酸和甘油一起重獲自由，這時候的游離脂肪酸就會皂化。

每一種油脂都有**皂化價**（saponification value，SAP value），也就是油皂化的過程中，需要多少毫克的氫氧化鉀（KOH）。光有氫氧化鉀，只會做出軟趴趴、幾乎是液狀的肥皂。如果想做出硬度夠，可以成形並切割的肥皂，還要計算適量的氫氧化鈉（NaOH），像古代人用草木灰製作軟肥皂，為了提升硬度，就會添加鹽（也是一種鈉）來幫助肥皂成形。

製作手工皂的時候，先計算每一種油脂的重量和皂化價，再決定氫氧化鈉的用量。如果失手加了太多氫氧化鈉（亦即鹼液），可能會灼傷或刺激皮膚，但如果不小心加得太少，手工皂會濕軟，無法成形，最終難以使用。只要在網路上搜尋，一定找得到計算手工皂配方的網站。本書最後的附錄，也列出每一種油脂的皂化價。

不皂化物

唯獨脂質、三酸甘油酯和游離脂肪酸，會因為氫氧離子的作用，最終形成肥皂分子，其餘的植物化合物稱為不皂化物（Unsaponifiable portion），並不會皂化，也不會形成肥皂分子。不皂化物包括維生素、礦物質、蠟、抗氧化物等植物成分，賦予植物油獨一無二的性質。製作手工皂的過程中，除非有特別除去或精煉，否則這些植物化合物都會保留在手工皂裡。

不皂化物，又稱為療效成分，大約占了1%至17%，只不過「療效成分」一詞，並沒有不皂化物那麼常用。植物油有很多成分互相重疊，但是把所有成分攤開來看，每一種植物油仍極富獨特性。

植物油的碘價

碘價（iodine value），又稱**碘值**，意指100克化學物質進行碘加成反應，所吸收的碘克數，可看出植物油的飽和度。記住了！是脂肪酸和三酸甘油酯組成油脂，包含飽和與不飽和的成分。脂肪酸的雙鍵會跟碘化合物交互作用，所以會影響油脂的碘價。雙鍵數目越多，碘價就越高，例如亞麻仁油／亞麻籽油，屬於高度不飽和脂肪酸，碘價高達170～204，反觀可可脂屬於高度飽和脂肪酸，碘價只有35～40，橄欖油介於兩者之間，碘價為80～88。

植物油	碘價
亞麻籽油／亞麻仁油	170～204
橄欖油	80～88
可可脂	35～40

過氧化價與酸值

我們從**過氧化價**（Peroxide value）**看得出植物油變質的難易度**。植物油變質後，主要產生的氧化物，就稱為過氧化物。不飽和脂肪酸一直在變質（亦即氧化），長期下來絕對逃不過酸敗的化學反應。新鮮的油脂在氧化初期，一開始先形成氫過氧化物，也就是過氧化氫的衍生物，因此過氧化價這個指標，就是在測量過氧化物的量。凡是容易變質的植物油，過氧化價會比較高，氧化程度也比較高，不宜作為食品或護膚用油。大家以後注意看散裝油的產品標示，一定會列出過氧化價，通常低於 2%，大多數低於 1%。

酸值（Acid value）測量的是游離脂肪酸，亦即脫離三酸甘油酯或磷脂的脂肪酸，這是另一種評估油品的方法。

分餾

分餾（Fractionation）其實是自然反應，無論是單品油或混合油，都有可能發生分餾作用，意味著飽和脂肪酸自發聚集起來，與不飽和脂肪酸分離開來，又稱為結晶化（Crystallization），這是因為固態的飽和脂肪酸會結晶凝固，比方食用油的製程，會把油溫控制在低點，促使植物油開始分餾，發生部分結晶化，以致三油酸甘油酯（亦即液態油）跟硬脂酸（亦即固態的飽和脂肪）分離，再以離心過濾法區隔開來。

如果把橄欖油放冰箱冷藏，飽和脂肪酸會遇冷凝固，漂浮在不飽和脂肪酸上面，橄欖油的飽和與不飽和脂肪酸，分別占了 15%

和 85%，但這只是暫時的分餾，一旦橄欖油的溫度升高，兩者會重新結合，飽和脂肪酸再度回歸液態。大家下次注意看藥草膏或潤膚霜，飽和油會「結成」小團塊，一旦碰到皮膚的體溫就會融化，這是因為飽和脂肪酸會分餾並凝結的緣故，如果要避免這樣的情況發生，調合的時候，記得要盡量維持低溫，盡快讓成品降溫。

精煉

從種子榨油到裝瓶販售，必須經過許多道處理過程。首先會運用各種方法，從植物萃取油脂，例如溫和的冷壓法，或者更溫和的壓榨法。溶劑萃取法最不受歡迎，因為有可能破壞油脂的營養成分，化學溶劑也可能殘留在油脂中。

等到壓榨完畢，油脂會直接通過黏土，過濾掉植物微粒和除去雜質，這是最簡單的精煉（Refining Oils）步驟。然而，市面上大多數的油，都是高度精煉，除了黏土過濾之外，還要經過四道精煉手續，逐一除去色澤、氣味和其他不皂化物。不皂化物通常富含有益健康的物質，卻這樣除去掉了，畢竟這些非脂質的植物成分，有可能干擾油脂的品質和保存期限，尤其是要拿來高溫烹調和保存的油脂。任何經過高度精煉的油脂，都可以拉長保存期限，加上無色無味，就不用擔心變味變色，卻也因此失去了特色。

RBWD 這個縮寫，包含四個大寫英文字母，分別代表油脂上市之前的四大處理步驟，包括**精煉**、**漂白**、**冬化**、**脫臭**。

萃取油脂的四步驟（RBWD）	
❶ 精煉（Refining）	包括脫膠和強鹼處理，除去磷脂、固醇等天然油脂成分。
❷ 漂白（Bleaching）	以強鹼中和游離脂肪酸，除去油脂的顏色。
❸ 冬化（Winterizing）	除去植物的蠟質，以免天氣嚴寒時，油脂會開始凝固或分餾。
❹ 脫臭（Deodorizing）	在高度真空之下，經由水蒸氣蒸餾法，除去植物油天然的氣味。

市面上大部分的油脂，至少歷經上述一種處理步驟，這麼做是基於商業考量。除去游離脂肪酸等不穩定的物質，會拉長油品的保存期限；除去蠟、香氣和色澤，可以維持油品統一，以便在各種天氣販售和保存，不會那麼快變質。這就是為什麼超市販售的植物油，清一色的無色無味。

美妝產業也不希望油品有色有味，所以刻意強調油品的「純淨」。反過來，有機油脂通常只有稍微精煉過，仍保留天然的色澤和香氣。不過，無論是否有機，就算是相同的油種，不同批次生產，仍有品質和特色之別。

依照我個人過去 15 年來，購買玫瑰果油的經驗，我發現色澤和香氣的差異很大。有機的玫瑰果油色澤較深，即使同為有機玫瑰果油，色澤也是從淡金色至深橙色不等，大概是因為作物品質不一，或者精煉流程不同，又或者兩者都有影響。我強烈建議大家，每次購買大瓶裝之前，最好先買小瓶裝試試看。

PART 5

其他脂質種類

Other Forms of Lipids

我們知道脂質是脂肪酸所構成。天然的脂質來自動植物，人造的脂質內含化學改造的脂肪酸。至於磷脂和蠟，其實是植物和動物天然合成的脂質，不僅有防護的作用，也是身體結構的一部分。

磷脂——卵磷脂

卵磷脂（Lecithin）是脂質，也是**磷脂**（Phospholipid）的一種，其化學結構跟三酸甘油酯有關卻不一樣。磷脂是形成活體生物細胞壁的成分之一。卵磷脂的滲透力強，還有助於乳化的特性，一向是護膚產品的優質成分。

磷脂有自己獨特的脂質結構，特性跟三酸甘油酯不同。磷脂跟三酸甘油酯同樣有甘油分子，同樣有三個附著點，可是磷脂的甘油

「手掌」，只連接兩個脂肪酸，不像三酸甘油酯連接了三個脂肪酸。

磷脂＝1 個甘油分子＋2 個脂肪酸＋1 個磷酸基

磷脂的第三個附著點，連接了**磷酸基**（Phosphate group），這就是為什麼卵磷脂是水跟油的橋梁。磷酸基正好連接甘油「手掌心」的第三個附著點，具有親水性，所以會吸引水。三酸甘油酯會排斥水，反觀卵磷脂等磷脂，倒是有一部分的吸水力。

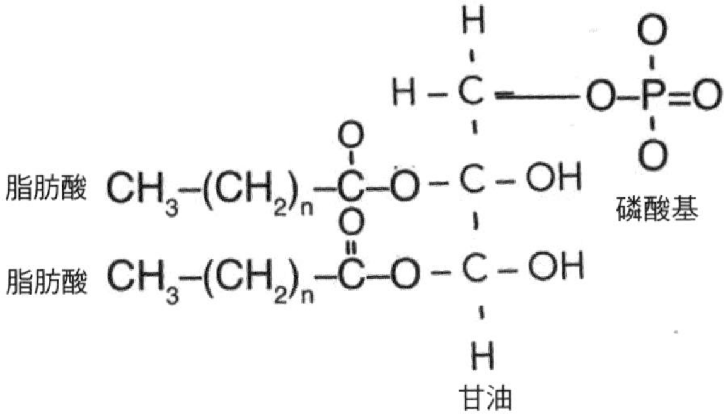

H
H－C──O－P＝O
O
脂肪酸 $CH_3-(CH_2)_n-C(=O)-O-C-OH$
磷酸基
脂肪酸 $CH_3-(CH_2)_n-C(=O)-O-C-OH$
H
甘油

甘油 E 主幹，外加 2 個脂肪酸和 1 個磷酸基

磷酸基具有親水性，讓磷脂可以整個攤開，變成薄薄一層，構成保護細胞的細胞膜。磷脂在細胞表面形成類似皮膚的屏障，妥善保護細胞核、粒線體和溶酶體。這些細胞膜就猶如屏障，把外來的物質阻絕在細胞之外。

天然磷脂的來源，除了蛋黃和植物油所含的卵磷脂，黃豆是最常見的植物性卵磷脂。每一種油脂或多或少都含有磷脂，屬於不皂化物的成分。磷脂具有親水性，可以加速乳化和皮膚吸收。若油脂富含卵磷脂和磷脂，直接在濕潤的皮膚上按摩，吸收速度很快，會在身體表面形成白色的薄膜。

蠟質

蠟也是脂質，含有長鏈的脂肪酸和長鏈的醇，兩者之間以酯鍵相連。醇其實是羥基（-OH）綁定碳原子。從化學成分來看，蠟跟油脂不同，並不含甘油分子或三酸甘油酯。蠟具有高度的疏水性，不僅有一條非極性的長碳鏈，也缺乏親水的甘油分子。

無論是植物蠟或動物蠟，都有助於保濕，可作為皮膚的防水層。**荷荷芭「油」其實是液態蠟酯**，讓油蠟樹得以在惡劣的沙漠環境中生存。蠟含有脂肪酸的成分，所以歸類在脂質。

反式脂肪與油

反式脂肪酸中，至少含有一個反式雙鍵的脂肪酸。反式脂肪酸有天然的，也有人工合成的。天然的反式脂肪，源自於反芻動物的肉製品或乳製品，例如乳牛、綿羊、山羊，這種反式脂肪有益身體健康，稱為「共軛脂肪酸」，亦即單一脂肪酸碳鏈中，同時有順式和反式的雙鍵。

人工合成的反式脂肪，其實是透過氫化作用，來改造不飽和脂肪酸。所謂的氫化處理，不僅會加熱不飽和脂肪酸，通常還伴隨高壓，加入催化劑（通常是鎳），讓脂肪酸吸收氫氣，分子結構會從彎曲變成筆直，這時候原本的順式組態，會翻向反式組態，形成順反異構物（cis-trans isomer），也就是氫化的反式脂肪。

「部分氫化油」原本立意良善，是為了讓市面上的食品，能夠低成本使用不飽和油脂，無意間卻開啟大市場，後來就連家裡烹調的食物，也含有大量的氫化油。由於生活型態改變，女性外出工作的機會增加，市場上有越來越多料理包，大家愛買耐放的烘焙食品和加工食物。大豆油富含多元不飽和脂肪酸，亦即亞麻油酸，占了美國氫化油的半數以上。

下圖呈現出反式脂肪的化學作用。不飽和液態油經過氫化作用後，先變成反式組態，再變成飽和脂肪。

```
 H   H   H           H   H   H
 |   |   |           |   |   |
-C - C - C - C = C - C - C - C-
 |   |   |   |   |   |   |   |
 H   H   H   H   H   H   H   H
```

不飽和碳鏈／順式組態脂肪酸／天然液態油

第一張圖是天然的不飽和液態油，可以看到脂肪酸的順式組態，鍵結的氫原子位於雙鍵同側，屬於順式組態，有明顯的扭結。

```
 H   H   H       H   H   H   H
 |   |   |       |   |   |   |
-C - C - C - C = C - C - C - C-
 |   |   |   |       |   |   |
 H   H   H   H       H   H   H
```

部分氫化／反式組態脂肪酸／人造奶油／植物性酥油

第二張圖是部分氫化油，粗體字 H 是人工導入的氫原子，因為多了氫原子的反式組態，雙鍵不再有明顯的扭結，脂肪酸變得更筆直，更貼近飽和分子了。部分氫化油屬於「反式異構」脂肪酸，原本彎曲（順式）的多元不飽和脂肪酸，經過反式改造後，成了不會彎曲的半飽和脂肪酸分子，而有**反式脂肪酸**之稱。

```
 H   H   H   H   H   H   H   H
 |   |   |   |   |   |   |   |
-C - C - C - C - C - C - C - C-
 |   |   |   |   |   |   |   |
 H   H   H   H   H   H   H   H
```

完全氫化／無反式脂肪／蠟狀的脂肪，可以做蠟燭

第三張圖是完全氫化油，屬於飽和脂肪酸。人工導入的氫原子，附著於原本不飽和的碳原子，形成全新的飽和脂肪，以單鍵取代原本的雙鍵，從不飽和脂肪酸變成完全飽和脂肪酸。這是蠟質的脂肪酸，可以製成蠟燭，但不適合製成食物。這種脂肪酸的熔點，剛好跟飽和度成正比。

所謂的同分異構物，意指有相同的化學式，卻有著不同的原子排列。以脂肪酸為例，同分異構物分成兩種，一是關乎脂肪酸的幾何結構（順式或反式），二是關乎雙鍵在碳鏈的所在位置。

反式油酸（Elaidic acid）是油酸的反式脂肪酸，但如果油酸經過完全氫化，其實會變成硬脂酸，這種堅硬的蠟質脂肪，適合做蠟燭，但不適合做料理。無論是油酸或反式油酸，化學式都寫成C18，因為碳鏈總共有 18 個碳原子。

油在氫化的過程中，承受高壓和高溫，結構早已受到破壞，脂肪酸和脂溶性維生素也破壞殆盡。這些在實驗室合成的脂肪，可謂心血管疾病的元兇，會干擾人體吸收有益健康的必需脂肪酸。人工合成的同分異構物，並不是大自然原有的東西，所以人類的身體會認不出來，不知道該如何應對。既然反式脂肪對健康無益，怎麼會在食品產業風行呢？

一九〇三年，威罕・諾門（Wilhelm Normann）發明了氫化處理，並申請專利，原本是為了製作便宜的植物油，以取代動物油，製成蠟燭，但不久商業用途越來越廣。一九一一年，寶僑（P&G）發現反式脂肪的外觀和特質，竟然跟豬油如出一轍，於是推出全世界最早的植物性酥油，創了 Crisco 這個品牌，從此以後，Crisco 植物性酥油成了豬油的替代品。

氫化脂肪的製造成本，比動物性脂肪更低，加上第二次大戰期間，奶油採配給制，大家只好拚命用人造奶油和植物性酥油。二十世紀中葉，一連串事件爆發，導致輿論全面反對飽和脂肪。民間流傳紛紛引用有問題的研究，吹捧大豆產業，宣稱飽和脂肪對實驗動物有害。這些錯誤消息一再重申，無論是動物性或植物性的飽和脂肪，都對健康有害，尤其會傷害心臟。直到最近幾年，大家才開始承認可可脂等天然飽和脂肪的益處，發現反式脂肪酸的害處，以更務實的心態看待飽和脂肪。

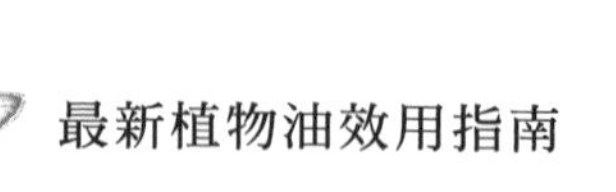

石化產品——礦物油

礦物油（Mineral Oil）並非來自礦物，而是來自石油。石油的英文 petroleum 有兩個字源，一是希臘文 petra，也就是岩石的意思，二是拉丁文 oleum，也就是油的意思。石油是動植物的古老化石所形成，口語稱為**礦物油**，因為源自類似岩石的古老物質。石油以碳為主，因為有植物的成分，屬於有機化合物。

礦物油用途多、成本低，廣泛應用於護膚產品。礦物油以石油為基底，不是身體原有的脂質（跟正常健康的皮膚並不相容），稱不上天然護膚產品，當然也不是有機護膚產品。礦物油不含我們皮膚自有的脂肪酸，有別於充滿生命力的植物油，如果跟體內的脂溶性維生素和荷爾蒙結合，恐干擾皮膚吸收脂肪酸，以致身體吸收不到養分。

如果在皮膚塗抹礦物油，會在皮膚表面形成一層薄膜，並無法跟皮膚天然的油脂整合，猶如在皮膚上裹了一層保鮮膜。皮膚本來有呼吸的能力，也能夠跟環境交互作用，如今卻遭到隔絕。因此，礦物油並不適合製作成天然護膚產品。

抹香鯨油

十八世紀到十九世紀，再到二十世紀初，抹香鯨油（Sperm Whale Oil）大受歡迎，不僅可以點燈，當成機器的潤滑油，還可以護膚。抹香鯨油黏度低，穩定性高，比其他鯨油更好。抹香鯨油的三酸甘油酯太討喜了，富含優質的脂肪酸和長鏈蠟酯，在全盛時期簡直供不應求，價格水漲船高，還好在二十世紀下半葉，大家發現了植物油，開始取代抹香鯨油。

一九七〇年代，荷荷芭油問世了，抹香鯨油所含的蠟酯有了替代品。如此一來，人們想要取得蠟酯，再也不用殺害鯨魚，而是透過農耕栽培獲取。大約在同一個時期，也就是一九七〇年代，另一種稱為白芒花的作物也問世了，這是西北太平洋的原生植物，也可以取代抹香鯨油。白芒花籽油高達九成脂肪酸，都是超過 20 個碳原子的極長碳鏈，與荷荷芭油和抹香鯨油的蠟酯類似。

PART 6

攝取脂肪酸：油脂與身體健康

Consuming Fatty Acids：Oils and Health

被誤會的油脂

油脂攸關我們的身體健康。如同先前所言，我們身體細胞有高達 50%都是脂肪，腦細胞甚至高達 60%。油脂以食物的形式，從內部維持體內健康，同時從外部維持皮膚健康。優質的油脂會保持體內細胞的完整性，包括皮膚細胞、肌肉細胞、骨骼細胞和器官細胞。脂質有助於身體保濕，畢竟油脂和蠟都可以避免水分蒸散。

脂肪和飲食這兩個名詞，在過去五十年間，變得極度爭議性。粗製濫造的研究，企業的利益，民眾的誤解，錯誤的資訊，一直在毀謗一些必要的食物，試圖操弄我們的食物選擇。

一九五〇年代，明尼蘇達大學的研究人員安賽・基斯（Ancel Keys）勸大家少吃飽和脂肪，以解決美國心臟病大流行的問題，他

這個人特別有說服力，最後還在美國心臟協會（American Heart Association）擔任要職，以致他錯誤連篇的前提假設，全部寫進美國民眾至今仍奉行的飲食指南，他的研究充滿偏見，證據不全，二〇一四年三月遭受《內科學紀事》（Annals of Internal Medicine）權威期刊的論文質疑。從此以後，大家總算相信飽和脂肪對身體無害。

美國人不吃天然飽和脂肪，卻改吃液態油和碳水化合物，然而這些液態油為了長期保存，通常經過氫化處理，以致美國飲食的問題不減反增，心臟病本來就居高不下，現在還多了過胖和糖尿病。一九八〇年代，美國國家衛生研究院（NIH）展開研究，探討飲食綱領為什麼沒達到預期效果，澈澈底底失敗了。飲食綱領本來要遏止的疾病不減反增，甚至還製造更多的疾病。

一九九〇年代，美國人的健康數據慘不忍睹，於是就開始怪罪油脂。低脂飲食成了標竿，只不過，美國人少吃了脂肪，卻多吃了碳水化合物和糖。脂肪可以為食物增添風味，拿掉了脂肪，不得不多加一點糖，否則難以下嚥。美國掀起低脂風潮，但過胖和癌症卻持續攀升。

大家視油脂為敵人，而非維持健康和溫暖身體的食物。動物性或植物性的油脂，含有三酸甘油酯，大約占了飲食必需攝取脂肪的95%，只可惜那些詆毀脂肪的宣傳太成功了，以致大家都覺得油脂有害。油脂明明是帶給人活力的天然食物，卻落得如此窘境，太可悲了！錯誤資訊無所不在，恐怕要花很多年，才有辦法消除誤解。

油脂對我們有害嗎？端視我們攝取的油脂而定！

細胞和身體只認得天然的油脂，認不出人工合成、氫化、過度加熱、化學榨取的油脂，因為這些油早已失去天然的元素，一旦我們吃下肚，身體要不是直接排除，就是儲存起來，並無法成為身體的養分。

健全的身體運作，仰賴必需的營養素，包括必需脂肪酸在內。天然或有機的油脂，只有經過最小限度的精煉，只要保存方式正確，使用方式明智，確實可以維持身體和皮膚的健康。天然油脂所說的語言，人體細胞剛好聽得懂。

這些劣質的研究，還好及時受到糾正，但沒有事實根據的觀點仍存在著。這本書就是為了提供讀者正確的資訊，讓大家明白油脂的性質和品質。等到你具備這些知識和概念，就會知道該在何時使用什麼油脂。

如果要烹調食物，最好使用飽和油，可以耐高溫，例如椰子油是出名的食用油。天然棕櫚油適合當成烘焙的酥油，取代十九世紀的豬油或二十世紀的氫化油。至於單元不飽和脂肪酸的油脂，例如橄欖油和芝麻油，最適合低溫烹調和製作醬料。亞麻籽油、大麻籽油等，以涼拌沙拉為宜，或者當成營養補充品服用。

必需營養素

人體是大自然的實驗室，我們吃下肚的食物，在體內瘋狂混合和配對，先分解成最基本的化合物，再合成全新的營養成分。這些中間化合物是人體代謝物，為我們的餐點與身體搭起橋梁。消化作用從我們吃的食物中，攝取必要的養分，把這些養分拆解重組，形成所謂的中間代謝產物（Intermediate metabolite），讓身體組織得以生長，讓人體器官運轉，讓免疫系統做好監督工作。

我們從食物攝取的營養，大多會經過消化作用重新塑造，變成身體真正需要的中間代謝物，其中有些中間代謝物是催化劑，唯有必需營養素的輔助，人體才能夠合成。**必需營養素**只能夠從飲食攝取，大約有 50 種左右，這些營養素是合成中間代謝物的輔因子，包括蛋白質、8 種胺基酸、維生素、礦物質、2 種脂肪酸、水、氧氣、陽光，這些是大家已經得知的部分，但還有更多新的化合物正持續研究中。

人類總是等到匱乏後，才驚覺自己迫切需要。以維生素為例，自從人類發現維生素 C 和維生素 D，以及內含這兩種維生素的食物後，壞血病和佝僂病變得更容易治癒。只要補充維生素 C 和維生素 D，這些病症很快就會化解。必需營養素是很多化合物的必要組成元素，不僅是催化劑和輔因子，也是建構身體和維持健康的原料。如果從飲食中的攝取量，沒有符合正確比例，身體就有可能生病和退化。

α-次亞麻油酸（LNA 或 ALA）**和亞麻油酸**（LA）**是必需脂肪酸**。凡是人體所需的脂質化合物，都是這兩種脂肪酸構成的，但兩者扮演的角色截然不同，攝取比例最好差不多，以確保我們的身體健康。人類剛發現α-次亞麻油酸和亞麻油酸時，稱之為**維生素** F，但現在這種說法很少用，都直接稱為必需脂肪酸（EFA）。這兩種必需脂肪酸正好都是多元不飽和脂肪酸，加上具有親氧性，所以有類似維生素的特質。

α-次亞麻油酸屬於 Omega-3 家族，這是高度不飽和脂肪酸，帶有 3 個雙鍵，碳鏈有多處可能跟氧原子結合。α-次亞麻油遍布於一些魚油、野生鮭魚、鯖魚和沙丁魚。植物來源，則有亞麻籽油、大麻籽油、奇亞籽油和核桃油。α-次亞麻油酸太容易跟氧原子起化學作用，因此不易保存，除非添加抗氧化劑，否則任何產品都無法保存太久。

亞麻油酸屬於 Omega-6 家族，帶有 2 個雙鍵（=），可以跟氧原子結合的部位，並沒有α-次亞麻油酸來得多，性質比較穩定，深受食品廠商和農業的青睞。亞麻油酸常見於紅花油、葵花油、葡萄籽油，在現代西方飲食中的含量明顯高於**α-次亞麻油酸**，以致Omega-3和Omega-6的攝取量失衡，這對我們的身體健康不太好。

攝取必需脂肪酸才能維持健康

α-次亞麻油酸和亞麻油酸的珍貴之處，在於容易起化學反應，這有好有壞。壞處是不穩定，一不小心就氧化變質。好處是可以把氧氣攜帶到全身，為我們的身體供應燃料，提高身體代謝率。氧化是重要的生理機能，可維持器官的健全。

必需脂肪酸還有另一項重要功能，那就是刺激身體分泌前列腺素（Prostaglandin）。前列腺素是必要的脂質化合物，由脂肪酸經過酵素作用所形成，全身上下都會分泌，功能類似信使分子，可控制肌肉的收縮和放鬆等。由此可見，前列腺素跟一般身體激素不同，不是先由單一腺體分泌，再散播到全身，而是由個別的部位自行分泌。只要從飲食攝取適量的必需脂肪酸，任何有需要前列腺素的身體部位，就會正常分泌前列腺素。

下面以身體發炎反應為例，說明這兩種必需脂肪酸如何互補搭配，若兩者攝取量差不多，就會互相平衡。我們先來介紹兩者對發炎的影響，讓大家有基本的概念，知道這兩種脂肪酸在健康的人體中如何相互制衡。

發炎，其實是人體面對細菌入侵或創傷的必要反應。亞麻油酸會刺激發炎反應，啟動人體的療癒機制。這種自然反應會幫忙抵抗疾病，讓我們從意外中復原，在各種情況下維持身體健康。反之，α-次亞麻油酸屬於 Omega-3 家族，會舒緩發炎症狀，把發炎情況控制下來。當人體不需要修復傷口或打擊入侵者，發炎情況自然會平息，細胞會恢復正常，等到下次遇到緊急狀況再發作。身體多虧了這種發炎控制能力，才能夠緩解疼痛和紅腫。

發炎不一定是疾病或創傷造成的，也可能是食物攝取不平衡所致，以致在身體造成慢性發炎。除非是為了修復身體或戰勝疾病，否則無謂的發炎絕對會導致身體退化，因為身體組織長期受到過度刺激，處於發炎的狀態。亞麻油酸攝取過量的話，恐會刺激發炎反應，如果放任不管，身體會長時間處於慢性發炎的狀態。

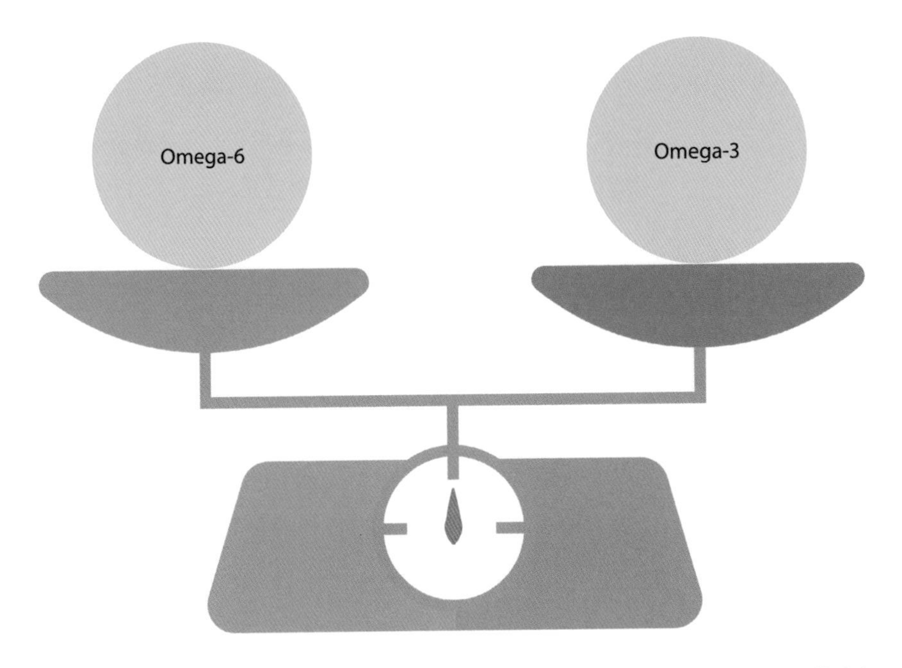

由此可見，若要維持身體健康，兩大必需脂肪酸可要平衡攝取，進而平衡身體的發炎反應，一方面在受傷的時候啟動發炎機制，另一方面在身體恢復正常之時舒緩發炎。Omega-6 和 Omega-3 的比例，千萬不可以超過 6:1，以 3:1 和 1:1 對健康最好，只可惜現代飲食竟然會達到 20:1 的可怕比數（參見尤多．伊拉莫斯《治病脂肪，致病脂肪》第 52 頁）。

除了調控發炎反應，必需脂肪酸對身體還有其他益處。必需脂肪酸其實是細胞膜的主要構成要素，夾帶輕微的負電荷，可保持身體組織的流動和彈性，以免聚積和結塊。必需脂肪酸會調節細胞分裂和細胞結構，有助於各種物質在細胞壁的內外流動，維持細胞結構的細胞壓力和液體平衡。

必需脂肪酸會刺激身體分泌類固醇和荷爾蒙，調節神經傳遞，同時也是心臟肌肉的主要能量來源。一旦必需脂肪酸攝取不足和失衡，都可能演變成退化疾病，例如心臟病、癌症、中風、自體免疫疾病和皮膚病。必需脂肪酸對身體健康至關重要，會影響生長、心理狀態和活力。

必需脂肪酸也攸關傳輸機制，不僅把陽光的能量帶到全身，亦可吸收氧氣為細胞提供燃料，讓細胞正常運作。必需脂肪酸帶到體內的氧氣，會跟體內的毒素和不良物質結合，進而排出體外。必需脂肪酸也是細胞膜的主要成分，包括皮膚細胞在內，可以把營養素轉為可用的能量，提供給細胞和組織來使用。如果把必需脂肪酸塗抹在皮膚上，對皮膚也是有好處的，因為必需脂肪酸會把營養素傳輸給身體。

所有脂肪酸都可以潤膚，以兩大必需脂肪酸的潤膚效果最佳。必需脂肪酸是細胞膜的主要成分，會維持肌膚的組織健康和細胞結構。潤膚霜內含油脂和水，對於皮膚外層有軟化和防護的功能。必需脂肪酸會避免細胞流失水分，讓肌膚保持水分和柔嫩。

其它重要的脂肪酸

記住了！「必需」一詞，意指對身體健康不可或缺的成分，一定要盡量從飲食攝取，身體會合成中間代謝物這種小分子，扮演類似墊腳石的角色，以實現身體所需的各種功能。以亞麻油酸（LA）和α-次亞麻油酸（LNA）為例，兩者皆為其他關鍵脂肪酸的前驅物。雖然其他脂肪酸只是次要的，但也不要小看它們，從飲食攝取的話，對身體也會有幫助。

二十碳五烯酸（EPA）、二十二碳六烯酸（DHA）和 γ-次亞麻油酸（GLA），都是對身體極為重要的脂肪酸，由兩大必需脂肪酸所構成（即 LNA 和 LA）。身體難免有缺乏效率的時候，可能是因為年紀大、營養不良或生病，無法把必要的分子轉化為另一個必要的分子，這時候不妨從最豐富的來源攝取重要營養素，就可以緩解健康問題了。EPA 和 DHA 主要遍布於海鮮，GLA 存在於植物中，例如月見草、黑醋栗、琉璃苣籽。

GLA 是分泌前列腺素的必要成分，可維持身體正常運作。若身體的狀況良好，從飲食攝取 LA，自然會轉換成 GLA，但如果身體效率低，不妨多吃富含 GLA 的油品，直接改善健康，身體就不用再自行轉換。GLA 和 LNA 脂肪酸幾乎一模一樣，只差在一個雙鍵，但作用和好處仍有所不同，兩者都會讓身體保持在最佳狀態。

中鏈脂肪酸——抗病毒、抗病菌、抗原蟲

中鏈飽和脂肪酸（MCSFA）在所有脂肪酸之中，對於維持人體健康，扮演獨到而關鍵的角色。這些碳鏈有 8、10、12 個碳原子，特別好消化，還會防止細菌入侵，普遍存在於椰子油等熱帶植物的油脂，以及人類的母乳中。有許多對身體格外有益的化合物和化學作用，都是仰賴中鏈飽和脂肪酸來完成。

中鏈飽和脂肪酸的碳原子數目在 12 個以下，在人體內部的消化情況，當然跟長鏈脂肪酸不一樣。中鏈脂肪酸先在胃部代謝，轉換成單酸甘油酯和游離脂肪酸，再直接進入體內，成為人體的燃料來源。由於分子比較小，可減輕人體的代謝負擔，為細胞快速供給

能量，完全無須動用胰臟酵素或膽汁。中鏈飽和脂肪酸的吸收、儲存或使用，會刺激身體代謝和改善健康，卻不會消耗能量（參見布魯斯・菲佛（Bruce Fife）的《椰子療效：發現椰子的治癒力量》（Coconut curs：preventing and treating common health problems with coconut）第30-32頁）。

長鏈脂肪酸有14個以上的碳原子，如果要在體內代謝，就會動用胰臟酵素和膽汁。如果身體暫時不需要能量，這些脂肪酸代謝後，先儲存為脂肪，以備不時之需。

中鏈脂肪酸最特別的是抗菌效果。中鏈脂肪酸包括月桂酸、辛酸、癸酸，分別是C12:0、C8:0和C10:0，具備打擊傳染病和寄生蟲的非凡能力。中鏈脂肪酸經過消化之後，三酸甘油酯會分解成游離脂肪酸和單酸甘油脂。既然現在這些脂肪酸自由了，就會構成獨特的化合物，專門打擊那些入侵體內，破壞我們健康的微生物。

至於中鏈脂肪酸所形成的單酸甘油酯，如果源自月桂酸，稱為單月桂酸甘油酯；如果源自癸酸，稱為單癸酸甘油酯。這些單酸甘油酯可以抗病毒、抗病菌、抗原蟲，破壞入侵生物細胞壁的脂肪保護層，幫助人體的防禦系統去破壞入侵者的細胞壁，把入侵者趕出體外。母乳之所以有保護力，是因為內含中鏈三酸甘油酯。雖然新生兒的免疫系統尚未發育完成，但母乳的成分就足以保護新生兒了（參見布魯斯．菲佛的《椰子療效：發現椰子的治癒力量》第 32、45-46 頁）。

PART 7

塗抹皮膚：植物油和皮膚

Topically：Oils and the Skin

潤膚、保濕、鎖水等詞，跟護膚產品密切相關。

潤膚劑的英文 Emollient，源自拉丁文 emollire，就是軟化的意思。每一種油脂都會潤膚，改善肌膚的觸感和外觀，解決皮膚乾燥的問題，以免水分散失。潤膚劑會在皮膚表面形成輕薄的屏障。

保濕劑的英文 Humectant，源自拉丁文 humectus 或 humere，分別是濕潤和保濕的意思。保濕劑是吸水的物質，例如甘油，亦即三酸甘油酯的「手掌」或骨幹，可以把環境中的水分，全部都吸過來。甘油也會把皮膚深層的水分，帶到皮膚表層來，所以在長期乾燥的環境下，最好不要用甘油保濕，否則皮膚會越塗越乾。現在還有蜂蜜做的保濕劑，以及其他人工合成的保濕劑，例如丙二醇。

鎖水劑的英文 Occlusive agent，源自拉丁文 occlusus，可以在皮膚形成實質的屏障，把水分鎖在皮膚層，以免水分散失。長鏈飽和脂肪酸（例如硬脂酸和棕櫚酸）以及蠟質，都屬於鎖水劑。凡士林則是人工合成的鎖水劑。

角質和膠原蛋白都很重要

皮膚是人體最大的器官，主要分成三層：表皮層、真皮層和皮下層。每一層都有各種功能，可維護身體全身上下，合成必要的維生素 D 等化合物。

皮膚的最外層，稱為**表皮層**，可以再細分成五層，最外面是**角質層**（Stratum corneum），從拉丁文翻譯過來的。以前大家誤以為

角質層沒有生命力，只是了無生氣的保護膜而已，如今卻發現角質層仍有生物化學活性，具備兩種關鍵功能，包括**屏障功能**（保護）和**通道功能**（移動），對全身上下都很重要。如果這些功能都很健全，正常運作，皮膚整體狀態就會很好。

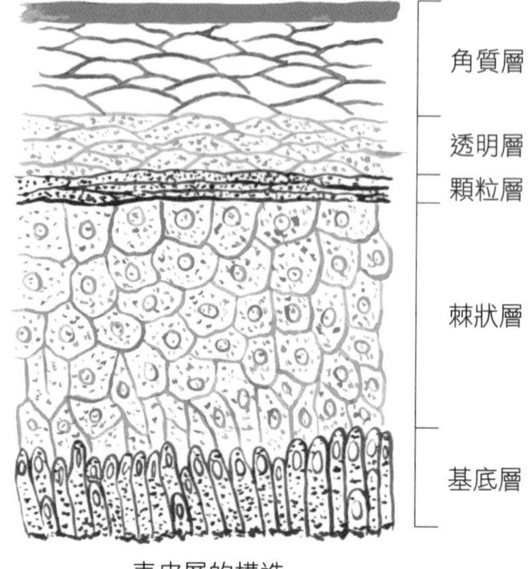

表皮層的構造

角質層的主要功能是防護，防範環境中的各種物質，包括液體、氣體、物體或不友善的生物滲透到皮膚，維護體內的功能正常運作，並且維持全身上下的健全，可見屏障功能是在維護身體的完整性。角質層也是可穿透的膜狀物，這是進出體內外的雙向通道，一方面會透過出汗，把水分、毒素、廢物排出皮膚層外，另一方面也會從外面吸收水分、氧氣、陽光和養分，包括脂肪酸在內。等到陽光通過底層的皮膚，還會在體內合成維生素 D，這就是通道功能最關鍵的角色。

皮膚最外層的角質層，主要成分是**神經醯胺**（Ceramide），其餘還有脂質、皮膚細胞、蠟、膽固醇、游離脂肪酸。這些脂質會填補角質細胞之間的空隙，畢竟角質細胞已經死了，要仰賴脂質來保護底下的組織，以免極度乾燥，還可阻絕化學物質、感染和磨損。無論是皮膚層自行生成的脂質，還是從天然油脂攝取的脂質，對於維持皮膚健康都很重要。皮膚中的脂質會保持細胞膜的水分，以免水分散失，維持皮膚的柔嫩度和色調，為肌膚抵抗環境的壓力。

角質層的脂質和角質細胞	占比
神經醯胺、蠟質	50%
膽固醇	25%
游離脂肪酸	10%
角質細胞	其餘

這些脂質會如何結合和排列，決定了角質層和皮膚整體的健康狀態。正常狀態下，這層可滲透的保護膜兼具多重功能，但如果不小心受損了，角質層恐怕會失靈，有可能爆發濕疹或皮膚炎，一旦碰到過敏原和病原，皮膚屏障會開始發炎、過敏、發紅，罹患皮膚疾病。由此可見，把角質層保護好，絕對是維持皮膚健康的關鍵。

膠原蛋白（Collagen）也是皮膚結構的主要成分，屬於蛋白質複合物，亦即胺基酸，體內有將近三分之一的蛋白質都是胺基酸。膠原蛋白存在於肌腱、韌帶、骨骼和皮膚中，堅韌而強勁，構成了結締組織和蛋白質膠結材料，把身體組織凝聚起來。如果皮膚有足夠的膠原蛋白，可維持皮膚組織的柔嫩、堅韌和彈性，一旦少了膠原蛋白，就容易長皺紋和下垂，怪不得抗老療程都強調要補充膠原蛋白。

保護皮膚分泌的油脂

脂肪酸在自然界無所不在，遍布於動植物等生物中，讓這些生物一輩子的生理機能可順利運作。皮膚自行分泌的油脂，其實跟植物油的脂肪酸很類似，極其相容。如果這些油脂達到平衡，可以保護和修復皮膚組織，一旦皮膚缺乏必需脂肪酸，就會生病出問題。

皮膚也會自行分泌脂肪酸，占了皮膚表面皮脂的九成。**皮脂**（Sebum）是皮脂腺所分泌的，無論皮膚或頭髮，都有賴皮脂來保持柔韌，例如頭髮的毛囊就有皮脂腺，可以分泌脂肪酸，維持皮膚的完整和健康。除了柔嫩肌膚，皮脂還有另一項特別重要的功能。皮脂是皮膚天生的免疫系統，可視為人體的免疫器官，能夠分泌抗菌劑，合成促炎或消炎因子，還會影響傷口癒合，把維生素和抗氧化物輸送到皮膚內部和表面。

皮脂腺攸關皮膚的健全，分布於全身上下，主要集中在臉部、頭部、胸部和上背。皮脂稱為「酸性包膜」（acid mantle），可以防止細菌感染，保護所有皮膚層。脂肪酸本來就是微酸性，營造不利於微生物和細菌生存的環境。皮脂位於角質層，屬於脂質化合物，可形成保護膜，維持底層皮膚的健康，讓皮膚正常運作。皮脂的成分複雜，含有三酸甘油酯、蠟質、游離脂肪酸、角鯊烯和膽固醇。

皮脂	占比
三酸甘油酯	41%
蠟質、單酯	25%
游離脂肪酸	16%
角鯊烯	12%
膽固醇	3%

皮脂也會生成人類獨有的脂肪酸，稱為智人酸（sapienic acid，C16:1），以**智人**（Homo sapiens）命名，經由皮膚皮脂腺的酵素作用所形成，堪稱皮脂的主要成分。飽和的棕櫚酸（C16:0）經過酵素作用，會形成智人酸，所以智人酸是脂肪酸次級代謝物，剛好跟棕櫚酸是同分異構物，只差在 Omega 組態而已。智人酸還會轉化成十八碳二烯酸（sabaleic acid，C18:2），有兩個雙鍵。這兩種人類獨有的脂肪酸，具備幾個特殊的功能，包括維持細胞健康、調節荷爾蒙和其他生理機制。皮膚本身分泌的脂質，可以跟植物油相輔相成，從主動和被動雙管齊下，達到皮膚的軟化、舒緩和保護。

每個人有自己的過敏原

過敏原會導致一些人的敏感反應，但不是有害於全體人類。世上所有的物質都可能潛藏過敏性，油脂也不例外。我朋友有嚴重的乳糜瀉，就連盯著燕麥油也會忍不住敏感，更別說打開蓋子，好好聞一聞或摸一摸，她可是半點也不想碰啊！小麥胚芽油也可能導致乳糜瀉患者過敏。

堅果也是很多人的過敏原，堅果油也是，尤以花生居多，但其實杏仁、榛果、山核桃、巴西堅果等，也可能導致敏感人士嚴重過敏。芒果跟毒槲（poison oak）同屬漆樹科，也是一些人的過敏原。此外，人也可能對整個科別的植物都過敏，例如對芒果過敏的人，不得使用芒果脂，恐怕也用不了漆樹科的馬魯拉果油和開心果油。橡膠樹和乳木果樹是同一科，因此對乳膠過敏的人，也可能對乳木果脂過敏。

因此，把所有成分標示清楚，是絕對馬虎不得的啊，這樣使用者才會一目瞭然，清楚對自己和親朋好友可能有什麼併發症。只不

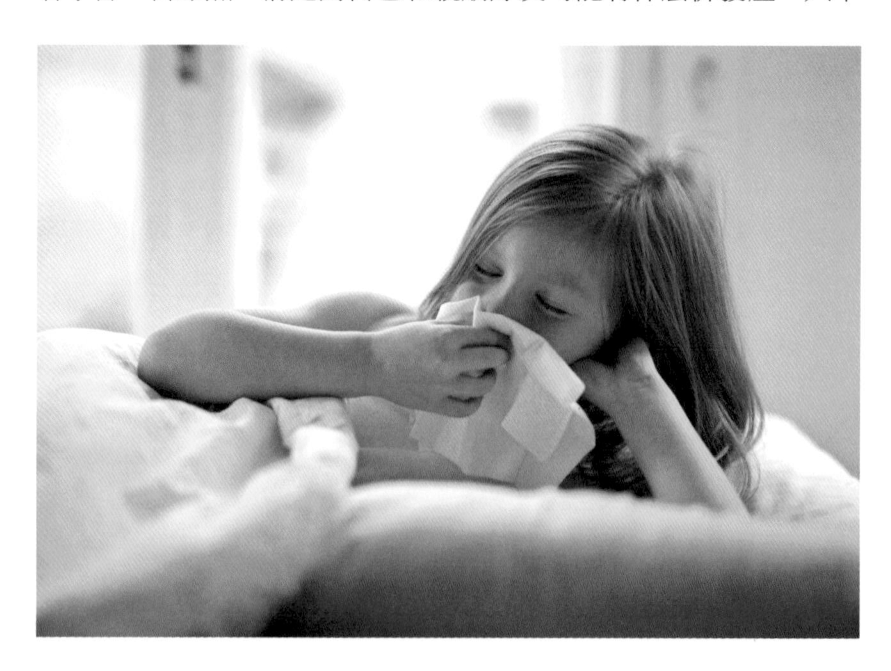

過，我們仍有可能不知道自己對某種物質過敏，直到真正用了，才爆發過敏反應。如果知道自己有哪些過敏原，加上有看清楚成分標示，就可以有效避免過敏反應，只是難免有漏網之魚，因而爆發從未經歷過的過敏反應。修改配方並不難，只要以類似的材料取代即可，例如以種子油取代堅果油。這世上沒有一體適用的產品或配方，最重要的是找出問題的根源，尋求適合大眾的最大公約數。

缺少亞麻油酸，皮膚自然變差

健康的皮膚有賴角質層的完整和平衡。任何皮膚問題，包含痘痘肌在內，都是脂質和脂肪酸的比例失衡所致。每一個生物和系統都極力維持體內平衡，這是一種動態均衡。一旦缺乏必需營養素，就有可能失衡和生病。

有皮膚問題的人，通常是亞麻油酸攝取太少，以致皮膚的可滲透層破損。神經醯胺這種蠟質脂質分子，有高達 14%的成分是亞麻油酸，構成了皮膚大半的角質層，堪稱皮膚重要的屏障。一旦缺乏亞麻油酸，皮膚可能會乾燥脫屑，頭皮會掉頭皮屑，傷口也會好得慢。

皮膚長痘痘，一方面是因為亞麻油酸不足，另一方面是單元不飽和脂肪酸分泌過剩，包括棕櫚油酸和智人酸（占比高達 60%），以致過剩的皮脂累積在皮膚組織，皮脂腺和頭皮毛囊紛紛阻塞。既然毛孔阻塞了，皮膚問題好不了，終究會導致發炎。由此可見，皮膚乾燥脫屑等問題，大多是亞麻油酸不足所致，這時候多攝取或使用油酸等單元不飽和脂肪酸，情況反而會惡化，因為皮脂早已分泌

過剩，補充單元不飽和脂肪酸，只會促進皮脂分泌，使得皮膚問題會越來越嚴重。

皮膚屏障功能的維護和修復，格外需要充足的亞麻油酸。根據研究調查，只要連續一個月，從飲食攝取亞麻油酸，或者在皮膚塗抹亞麻油酸，就可以修復皮膚的屏障功能。只不過大家想到皮脂過剩，第一個反應通常是避免在皮膚上塗油，這是可以理解的，但其實這時候用油治療皮膚，皮膚才會恢復正常。一般坊間的建議，大多是主動減少皮膚過剩的油脂和皮脂，任何油脂都會暫時停用，但其實有更好的作法，那就是補充不足的脂肪酸。

除了亞麻油酸，飽和的棕櫚酸也可以鎮定肌膚，幫助肌膚回歸平衡。不妨試著改善飲食[1]，多補充必需脂肪酸，透過必要的營養素，讓身體恢復健康平衡的狀態，容我再提醒一次，皮膚恢復正常之前，盡量別用單元不飽和脂肪酸，例如油酸[2]。如果是健康平衡的肌膚，補充油酸是好的，但油酸並無法取代其他脂肪酸，尤其是必需脂肪酸。

因此，治療皮膚問題，必須巧妙組合脂肪酸，補充皮膚真正缺乏的油脂。每一種油脂都有其主要、次要和極次要的脂肪酸成分，脂肪酸塗抹在肌膚的觸感和功能，也會隨著飽和度、碳鏈長度和脂肪酸組合有所不同。大家可參考附錄的脂肪酸成分整理表，表中列出各種油脂的脂肪酸結構，幫助大家挑選適合自己膚況的油脂。

1 編註：亞麻油酸主要來自種子和堅果，可以從這些食物與其油品攝取，如核桃、開心果、花生，油品可參考本書第 298-299 頁。

2 編註：富含油酸的油品有橄欖油、苦茶油、棕櫚油；食物有核果、芝麻、酪梨。

❶ **高溫烹飪**：最好選擇飽和脂肪酸的油脂，例如奶油、酥油、椰子油和棕櫚油，油脂才不會因為加熱而裂解。

❷ **低溫的烹飪**：最好選擇 Omega-9 脂肪酸的油脂，例如橄欖油、芝麻油和澳洲胡桃油，適合低溫的烹調與加熱，以及做沙拉醬或沾醬。

❸ **不耐高溫**：Omega-6 多元不飽和脂肪酸的油脂——例如葡萄籽油、月見草油、玉米油，高溫就容易氧化，只適合做沙拉醬、沾醬和營養補充品。

❹ **不可加熱、放冷藏**：Omega-3 脂肪酸的油脂，例如亞麻籽油、大麻籽油、奇亞籽油，絕對不可以加熱，而且要放冰箱冷藏，平常就當成營養補充品服用，或者灑一點在涼拌菜，增添特殊風味。

 油脂幫助延緩肌膚老化

每個人都會老，肌膚也會隨著身體老化。現在大家砸重金延緩老化，甚至想要逆轉老化，這樣並不健康，也不切實際。如果平常多攝取天然非加工的食物，富含蔬菜和優質油脂，喝大量乾淨的水，避免使用人工合成的化學護膚產品，就是最棒的肌膚抗老法。

從飲食攝取油脂，或者把油脂直接塗在肌膚上，延緩老化的效果都很好。本書教導大家在什麼時候，該使用什麼油脂。

肌膚老化最可怕的跡象，就是在手背、手臂和臉部冒出深色皮膚斑，這些不是天生就有的雀斑，而是攝取不穩定的油脂所致，其實是一種氧化。烹調時記得用飽和脂肪酸的油脂，而非多元不飽和脂肪酸的油脂，這樣油脂加熱時，才會維持穩定，不僅會延緩皮膚斑生成，還會淡化現有的皮膚斑。多攝取植物性的抗氧化物，也有助於緩解氧化。大自然五彩繽紛的食物，有紅色、橙色、綠色、黃色，這些都是抗氧化劑的象徵，可以保護我們的肌膚和身體。氧氣，正如同陽光，對於生命不可或缺，但我們也要防堵氧氣和陽光的危害，預防更勝於治療啊！

 油脂、陽光和防曬

熱帶樹木所榨取的油脂，內含一些特殊成分，可以防範陽光的傷害，卻不妨害肌膚底層合成維生素 D，例如椰子油、可可脂、乳木果脂、巴巴蘇油、芒果脂、瓊崖海棠油，都是最有防曬效果的熱帶油脂。油脂提供肌膚必要防曬，同時讓陽光進入體內，在皮膚底層合成維生素 D。

我有生活在熱帶地區的經驗，一九五〇至一九六〇年，大家喜歡曬得黑黑的，當時的防曬油很簡單，就是椰子油和可可脂，而非礦物油或人工防曬乳。如今我住在太平洋西北岸，完全不擦防曬油，因為偶爾才會有陽光，我急需陽光，讓肌膚合成維生素 D，但如果住在南方的沙漠，可能要調整防曬方式，比方正中午出門在外，一定要記得塗抹熱帶植物的油脂，以免毒辣的陽光傷害肌膚。

皮膚是有生命的器官，而非不透氣的屏障。人工防曬乳和礦物油的化學物質，在接受太陽輻射之後，都有可能傷害肌膚。肌膚同時要應付陽光以及不相容的非生理物質，絕對會招架不住，一時承受過多壓力，皮膚組織恐會受損。反之，熱帶地區的油脂含有抗氧化物，以天然營養的防曬物質，維持皮膚細胞的健康功能。

西方國家經常告誡大家要提防陽光，但少了陽光，地球上的生命就不可能存活，因此最良好的皮膚保養法，一方面要避免陽光的害處，另一方面要享受陽光帶來的益處。對皮膚有益的飲食，少不了優質的油脂，以提供皮膚必要的化合物，讓皮膚一輩子都保持良好狀態。

油脂和護膚——卸妝、補水

我們用在臉部和身體的油脂，盡量要選擇天然有機。油脂可以卸除臉上的妝容和髒污，只要把油脂塗抹在臉上，再以毛巾或面紙擦掉多餘的油脂，整張臉會乾乾淨淨，油油亮亮，再蓋上溫熱的洗臉巾，可以加強補水，讓肌膚吸收油脂的植物元素。Omega-6 和 Omega-3 脂肪酸的油脂特別清爽，適合用在臉上，個別或混合使用皆可。有些油脂富含維生素 C，有些油脂富含胡蘿蔔素和原維生素 A、礦物質和抗氧化物，直接塗在皮膚上，皮膚細胞會直接吸收。我們待會再來探討各種油脂及其用途。

PART 8

對皮膚有益的重要脂肪酸

Common and Important Fatty Acids for the Skin

常見的脂肪酸大約就有 40～50 種，如果再把罕見特殊的脂肪酸，或者同分異構物全部算進來，數目甚至達到 500 多種。舉例來說，油酸就是常見的脂肪酸，遍布於所有的油脂；蓖麻油酸（Ricinoleic acid）只存在於蓖麻油中；月桂酸（Lauric acid）在某些油脂的含量甚豐，但是在其他油脂中，含量卻只有一點點。至於芥酸（Erucic acid），在蕓薹屬的植物中含量豐富（十字花科）。第八章會探討各種常見的脂肪酸，及其對皮膚的影響，我們會順便介紹一些罕見的脂肪酸。

必需脂肪酸和多元不飽和脂肪酸

所有脂肪酸都可以保護皮膚，尤其是必需脂肪酸，對皮膚的健康和功能格外重要。必需脂肪酸不僅對身體有益，對皮膚也同樣有幫助，最好從飲食或營養品補充，再不然就直接塗抹在皮膚上。如果油脂富含必需脂肪酸，例如玫瑰果油和黑醋栗籽油，都會散發特殊的堅果香氣，有的人很愛，有的人很討厭，但只要混合其他油脂，或者搭配精油使用，就可以調整氣味。多元不飽和脂肪酸要製成產品時，一定要先解決氧化的問題，否則保存期限會非常短，比方添加維生素 E 等抗氧化劑，就可以延長保存期限。

亞麻油酸（LA）屬於 Omega-6 脂肪酸，對於皮膚健康格外有益。皮膚的屏障功能和通道功能，都必須維持在最佳狀態，才能夠應付環境條件或當下皮膚狀況，看是要吸收還是要排斥外來的物質，如果皮膚功能健全，就可以把有害的細菌、化學物質和陳年污垢阻絕在外，把水分和營養（例如脂肪酸）吸收到皮膚層。亞麻油酸是維持屏障和通道功能的大功臣！如果油脂富含亞麻油酸，皮膚會吸收得很快、很深層。吸收快就可以把額外的植物養分導入更深層的皮膚，滋養並調理皮膚細胞。葡萄籽油、紅花油、月見草油和百香果籽油，都富含亞麻油酸。

α-次亞麻油酸（LNA 或 ALA）也是必需脂肪酸，對於皮膚和身體的健康格外重要。α-次亞麻油酸會轉換成二十碳五烯酸（EPA）和二十二碳六烯酸（DHA），這兩種魚油常見的脂肪酸，具有抗發炎的效果，還可以保護循環系統，對於維持健康的皮膚不可或缺。LNA 是專門抑制發炎的必需脂肪酸，有助於緩解皮膚發癢、發紅和過敏。LNA 主要潛藏在種子裡，遍布於覆盆莓籽油、核桃油、黑莓籽油、奇亞籽油、亞麻籽油。

如果油脂富含 LA 和 LNA 這兩種必需脂肪酸，通常有護膚效果，營養豐富，質地清爽，所以皮膚吸收快。

γ-次亞麻油酸（GLA）屬於 Omega-6 脂肪酸，並非必需脂肪酸，可以從亞麻油酸合成，但仍是維持皮膚和身體健康的關鍵，具有抗發炎和免疫促進的效果，所以會舒緩皮膚的發紅、過敏和發癢，加上會提供皮膚細胞必要的營養，有助於傷口癒合，以免留下傷疤。

如果從飲食攝取 GLA，確實會減輕或改善難治的皮膚病，例如乾癬、濕疹、皮膚炎。動物研究也證實，GLA 會放緩病態的皮膚過度增生，以免演變成乾癬，雖然這份研究是口服富含 GLA 的油脂，但直接塗抹在皮膚上也有幫助。

此外，GLA 還可以抗老化，幫忙留住水分，促進屏障功能。那些富含 GLA 的油脂屬於 Omega-6 脂肪酸，塗抹在皮膚上吸收快，不會有油脂殘留在皮膚表面。琉璃苣油、月見草油、黑醋栗籽油，都含有大量的 GLA。

單元不飽和脂肪酸

單元不飽和脂肪酸在大自然最常見了，無論是植物油或動物油都有這種成分，相對比較穩定，不容易氧化，就算在炎熱的氣候也不易變質。我們皮脂中的油酸和棕櫚油酸，以及人類獨有的智人酸，都是單元不飽和脂肪酸。

油酸屬於 Omega-9 脂肪酸。皮膚天然的脂肪酸之中，油酸就占了三成，目前為止是植物油最常見的脂肪酸，在動物油脂也占有一席之地，跟固態的飽和脂肪酸不相上下。若想攝取油酸，橄欖油和酪梨油都是很好的選擇。此外，澳洲胡桃油、山茶花油、榛果油，通常也富含油酸，含量甚至高達八成之多。

油酸塗抹皮膚，可以維持皮膚的柔嫩、彈性和柔軟。油酸跟皮膚角質層的半液態皮脂極為相容，能夠把營養素導入皮膚深層。油酸也有保濕效果，這種單元不飽和脂肪酸極度滋養，能夠在皮膚形成保護膜。油酸有抗發炎和促進再生的特質，亦可維持肌膚健康，而且皮膚吸收得很快。油酸是常見的脂肪酸，所有油脂都含有油酸。油酸攸關皮膚的健全，所以是肌膚保養的必要脂肪酸。

提醒

如果皮膚缺乏亞麻油酸，這時候硬要補充油酸等單元不飽和脂肪酸，反而會促進皮脂分泌，導致皮膚狀況更加惡化，因此最好要等到皮膚恢復健康，再來使用單元不飽和脂肪酸。換句話說，雖然油酸可以維持皮膚健康，但如果是缺乏必需脂肪酸的肌膚，就另當別論了。

棕櫚油酸（Palmitoleic acid，C16:1）是 Omega-7 單元不飽和脂肪酸，存在於棕櫚油中，所以才稱為棕櫚油酸。棕櫚油酸跟飽和的棕櫚酸類似，同樣有 16 個碳原子，但因為多了雙鍵，屬於單元不飽和脂肪酸。棕櫚油酸是皮膚脂質的主要成分，遍布於皮膚組織中。皮脂腺會分泌棕櫚油酸，大約占了皮脂成分的 20%，可以為我們阻絕感染因子。棕櫚油酸是智人酸（C16:1）的同分異構物，所以也有防護和抗菌功能，進而維持皮膚健全（別忘了，同分異構物的意思是兩個分子有相同的化學式，卻有不同的原子排列，兩者極其類似，卻不相同）。

皮膚分泌的棕櫚油酸，會隨著年紀逐漸減少，所以熟齡肌最好要另外補充棕櫚油酸。棕櫚油酸有抗菌的效果，可以防止感染，保護抓傷、擦傷和灼傷的傷口，加速傷口癒合。棕櫚油酸也會維持黏膜健全，以免皮膚曬傷。很多油脂都含有少量的棕櫚油酸，唯獨澳洲胡桃油、沙棘油、智利榛果油的含量最多，分別占了 20%、34% 和 25%。

飽和脂肪酸

飽和脂肪酸這種脂質扮演屏障的功能，有鎖水和護膚的效果，在肌膚形成保護膜，所以皮膚吸收慢，不易被深層組織吸收，適合在外層形成防護，為皮膚抵禦嚴酷的環境、強風、寒氣、陽光和乾燥。飽和脂肪酸跟皮脂相容，比凡士林更適合鎖水。既然是飽和脂肪酸，就沒有雙鍵，也不用區分 Omega。

硬脂酸（C18:0）屬於長鏈飽和脂肪酸，總共有 18 個碳原子，可以提升肥皂的硬度，並且當成乳化劑使用。硬脂酸呈固態和蠟質，熔點相對較高，本身就可以製成蠟燭。很多油脂都含有硬脂酸，比方奶油，所以奶油有一定的硬度。就連不飽和油脂也含有硬脂酸，所以有一點濃稠。動物油脂尤其富含硬脂酸。硬脂酸也是很常見的化工材料。

硬脂酸占了皮脂成分的 11%，屬於飽和脂肪酸，可以支持和維護皮膚的屏障功能，遍布於飽和的動植物油脂中，如果搭配其他天然的飽和及不飽和脂肪酸使用，絕對會帶給肌膚多一分防護。

棕櫚酸（C16:0）屬於長鏈飽和脂肪酸，占了皮脂成分的 22% 左右，在植物脂以及比較厚重的油脂含量多，是大自然最常見的脂肪酸之一，英文俗名也是源自棕櫚樹，因為一開始是在棕櫚樹發現的。棕櫚酸屬於飽和脂肪酸，性質穩定，不易氧化。棕櫚酸連同膽固醇和神經醯胺，都具有抗菌的效果，可以為皮膚阻擋環境中的有害物質。棕櫚酸也會導致癌細胞自我摧毀，經過研究證實，可以防止細胞增殖。由於棕櫚酸是飽和脂肪酸，會在皮膚形成鎖水層，維護皮膚的屏障功能。

肉豆蔻酸（Myristic acid，C14:0）屬於飽和脂肪酸，碳原子的數目比硬脂酸少了 4 個，更容易滲透至皮膚底層。肉豆蔻酸連同肉豆蔻油酸，都是以肉豆蔻樹（*Myristica fragrans*）命名。19 世紀至 20 世紀初珍貴的抹香鯨油，就含有肉豆蔻酸，至今仍是相當熱門的護膚元素。

肉豆蔻酸遍布於幾種植物油脂中，但含量極少，可以合成皮膚的脂質或皮脂。肉豆蔻酸的碳鏈比較短，其在皮膚形成的保護屏障，相對比較清爽。至於肉豆蔻酸的化學作用，倒是比較貼近月桂酸（C12:0），而非硬脂酸（C18:0），皮膚相對容易吸收。肉豆蔻酸也能夠抗發炎，促進組織再生，以及修復皮膚的屏障功能。肉豆蔻酸占了棕櫚核仁油成分的 15%，占了瓊崖海棠油的 2.5%，占了棕櫚油的 2%，至於在其他一些油脂，含量恐怕低於 1%。

月桂酸（C12:0）是中鏈脂肪酸，先前探討過中鏈脂肪酸對健康的影響。雖然這是飽和脂肪酸，但因為碳原子數目只有 12 個，皮膚無論從內部或從外部吸收都很容易。月桂酸是皮脂的其中一種成分，跟健康的皮膚極為相容。當月桂酸轉換成單月桂酸甘油酯，可以促進皮膚的抗菌和抗病毒能力。椰子油、棕櫚核仁油、巴巴蘇油等熱帶地區的油脂，皆富含月桂酸成分，反觀溫帶地區的油脂，僅含有少量的月桂酸。

極長鏈脂肪酸

極長鏈脂肪酸有 20 個以上的碳原子，並沒有中鏈脂肪酸常見，卻對於維持體內脂質平衡功不可沒。極長鏈脂肪酸占皮脂的成分低，卻是維持皮膚健康和平衡的大功臣，堪稱必要**微量脂肪酸**，重要性不亞於微量礦物質。如果是富含極長鏈脂肪酸的油脂，性質異常穩定，不易氧化，有別於短鏈不飽和脂肪酸。

鱈油酸（Gadoleic acid），又稱**二十烯酸**（Eicosenoic acid，C20:1），屬於極長鏈 Omega-9 單元不飽和脂肪酸，一開始是在鱈魚肝油發現的。很多植物油含有少量鱈油酸，有些植物油則含有大量鱈油酸。這種極長鏈脂肪酸會維護皮膚的屏障功能，例如荷荷芭油的鱈油酸含量占了五至八成，白芒花籽油的鱈油酸含量也高達六成。鱈油酸可維持油脂的穩定性，以免皮膚外層遭受氧化的威脅。

芥酸（C22:1），又稱**二十二烯酸**（Docosenoic acid），也是 Omega-9 脂肪酸，總共有 22 個碳原子，屬於單元不飽和脂肪酸。大部分油脂只含有少量芥酸，唯獨蕓薹屬植物含量甚豐，例如海甘藍籽油的芥酸含量達到 60%，綠花椰菜籽油的含量也有 49%，白蘿蔔籽油也高達 34%。芥花油或菜籽油都是種子壓榨而成，含有芥酸。雖然亞麻薺油也是蕓薹屬（十字花科），芥酸含量卻低於 2%。白芒花籽油倒是個特例，雖然並非蕓薹屬，芥酸含量卻高達 12%。

一九七五年左右，加拿大和美國明文規定，人類所使用的油脂，芥酸含量不得超過 5%，於是廠商研發低芥酸含量的油品，稱為芥花油（canola oil）。這一切源自於一項老鼠實驗，證明芥酸有可能傷害老鼠的心臟，但後來發現葵花油不含芥酸，也會傷害老鼠的心臟，更何況人和老鼠的代謝機制不一。這項研究設計不良，卻創造全新的產業，加拿大培育的新品種，大幅降低芥酸含量，為油品產業供應低芥酸含量的菜籽。不過，其他國家不一定會禁止高芥酸含量的油品，比方在亞洲文化中，大家愛用含有芥酸的油品，例如芥菜籽油和非改造的菜籽油，芥酸含量可能高達 40%（參見伊拉莫斯的《治病脂肪，致病脂肪》第 117 頁）。

芥酸的同分異構物蕓苔酸（Brassidic acid），跟二十二碳二烯酸（brassic acid，C22:2）相似，但並不相同，兩者同為十字花科植物的脂肪酸。如果油脂富含極長鏈脂肪酸，觸感濕潤卻不油膩，有點類似矽膠。芥酸對皮膚的功效，主要是作為脂質防護層，加上性質穩定，所以會抗氧化。

芥酸也是「羅倫佐的油」（Lorenzo's oil）的成分之一。羅倫佐的油，以一位罕見病症孩童命名，那個孩子遺傳到腎上腺腦白質失養症（ALD），經醫生宣告只剩下兩年的壽命，毫無治癒希望，於是他的父母親開始尋求其他援助，經過多年苦心研究，發現了羅倫佐的油，混合了菜籽油和橄欖油，芥酸與油酸的比例為 4:1，結果讓羅倫佐活到長大成人，直到 30 歲才離開人世，原本醫生診斷他只能再活 2 年，但最後他還活了 22 年。

俞樹酸（C22:0）是極長鏈飽和脂肪酸，為油脂增添穩定性，最早是在辣木發現的，埃及使用辣木油已有數千年歷史，在埃及人的墳地隨處可見。辣木油在市面上稱為山葥油，因為有俞樹酸的成分。自從大家發現俞樹酸以後，才知道巴卡斯果油（南美某種樹木的種子萃取而成）、花生油和菜籽油也含有這種成分。俞樹酸直接食用的話，人體不易吸收，膽固醇還會飆升，但如果塗抹在皮膚上，可以形成抗氧化的保護層，也會拉長護膚產品的保存期限。埃

及辣木油據說放了五年也不會變質。

特殊罕見的脂肪酸

世上還有一些特殊罕見的脂肪酸，只存在於單一科屬或品種的植物。我們剛剛介紹完常見的重要脂肪酸，現在來認識罕見的脂肪酸，包括蓖麻油酸、石榴酸以及共軛脂肪酸。

蓖麻油酸（C18:1）屬於 Omega-9 單元不飽和脂肪酸，在蓖麻油的含量高達九成，這種稀有的脂肪酸可以止痛、抗真菌、抗病菌。蓖麻油也有療癒效果，可以穿透到深層的肌膚，向來是家庭常備用油。

蓖麻油酸的特殊之處，在於 18 個碳原子中第 12 個碳原子，多連接了一個羥基（-OH），比起其他同樣有 18 個碳原子的脂肪酸，極性比較高，更容易被肌膚吸收。

```
    H   H   H   H   H   H   H   H           H   H   H   H   H   H   H
    |   |   |   |   |   |   |   |           |   |   |   |   |   |   |
H - C - C - C - C - C - C - C - C - C = C - C - C - C - C - C - C - C = O
    |   |   |   |   |   |   |   |   |   |   |   |   |   |   |   |   |
    H   H   H   H   H   H   H   H   H   H   H   H   H   H   H   H   H   OH
                            |
                            OH
```

蓖麻油酸

蓖麻油會促進皮膚組織增厚和再生，可以保護熟齡肌和受損肌膚。蓖麻油的黏性高，雖然質地厚重，卻容易被肌膚吸收。一旦肌膚吸收之後，就連體內器官也會受益，進而刺激淋巴和血液的流通。這也是很棒的保濕劑，可以吸收水分，為肌膚保水。

石榴酸（Punicic acid，C18:3）屬於 Omega-5 脂肪酸，在石榴籽油的含量高達 75%。此外，蛇瓜籽和苦瓜籽的石榴酸含量也很高。石榴酸以石榴（Punica granatum）的拉丁學名命名，屬於共軛脂肪酸，兼具順式和反式的組態，因此碳鏈會形成扭結，以致石榴籽油有別於其他不飽和脂肪酸，觸感極為厚重。

石榴酸具有抗發炎和促進組織再生的特殊效果。石榴酸獨特的成分，可以強化皮膚天生的功能。石榴酸會維持肌膚的內在濕度平衡，同時把無益的環境物質排除在外。隨著年紀漸長，一般生理功能會逐漸退化，石榴酸有助於分泌膠原蛋白，阻絕環境中的陽光和惡劣天氣，所以會維持皮膚健康。石榴籽油富含石榴酸和植物營養素，堪稱熟齡肌的護膚聖品。

共軛脂肪酸（Conjugated fatty acid）包含一系列的同分異構物，這些碳鏈可謂難得一見。說到共軛脂肪酸的碳鏈，帶有共軛雙鍵，同時可以是順式和反式的組態，所以整條碳鏈會扭結，這就如同石榴籽油的石榴酸，兼具反式和順式的組態，比起單純順式的脂肪酸更加濃稠。由於分子結構並不筆直，所以油品的觸感偏向厚重。共軛脂肪酸有益健康，包括治療和防治皮膚癌和皮膚病，恢復皮膚細胞活力，修復皮膚角質層。共軛脂肪酸也有強大的抗發炎效果，可以提亮膚色，為皮膚細胞保濕，加強皮膚的彈性。

最常見的共軛脂肪酸，莫過於共軛亞麻油酸（Conjugated linoleic acid，CLA），遍布於動物性油脂，尤其是肉類和乳製品。這是反芻類動物的腸道細菌所生成，例如乳牛、山羊和綿羊。共軛亞麻油酸包含一大群亞麻油酸異構物，至少有 28 種以上，這條長

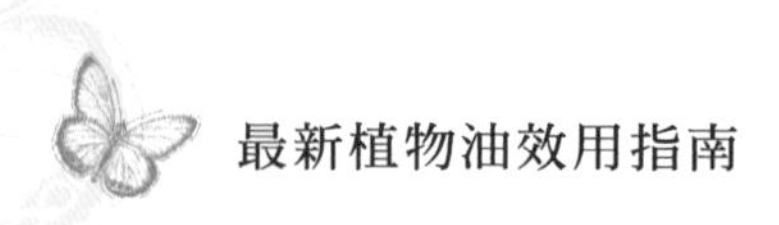

達 18 個碳原子的碳鏈，帶有 2 個共軛雙鍵。

另一個共軛脂肪酸跟共軛亞麻油酸關係密切的，正是共軛次亞麻油酸（CLnA），屬於 Omega-3 共軛脂肪酸，植物的種子僅含有微量，其中以石榴酸（C18:3）為主要植物性的來源。除了存在於石榴中，也存在於蛇瓜籽和苦瓜籽中。油硬脂酸（Eleostearic acid，C18:3）也是一種共軛次亞麻油酸，存在於石榴籽油和櫻桃核仁油中。

金盞花的金盞酸（Calendic acid），也是共軛次亞麻油酸的植物性來源，含量高達 65%。歐洲做了不少研究，準備把金盞花發展成油籽作物，否則現在「金盞花油」只是浸泡油，把金盞花泡在基底油一段時間，但未來可望有金盞花籽壓榨的金盞花油，大家就多了一種護膚聖品。

PART 9

植物成分：植物油脂質之外的成分

Phyto-Chemicals：Phyto, Latin for plant, the non-lipid components of oils

植物成分是植物所生成的化合物，至今有數千種，可以為植物預防疾病和維持健康。如果人類攝取這些植物和植物油，植物成分也會對我們有益。所謂的植物成分，包括了抗氧化物、維生素、單寧、固醇、多酚、萜烯，可以捍衛人體的健康，還有滋養人體。

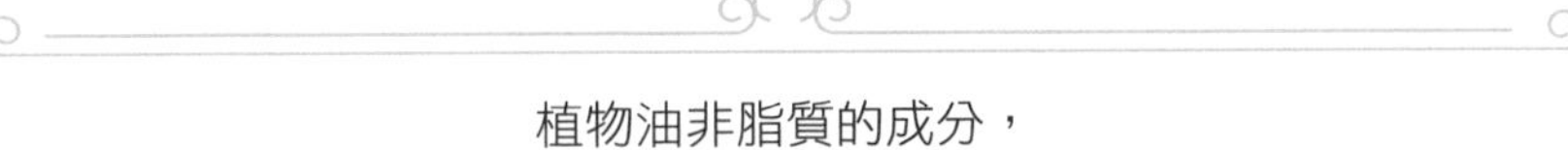

植物油非脂質的成分，
構成植物油的療效，稱為不皂化物。

植物油主要的成分是脂質，占了 95%～99%，其餘非脂質的成分，構成**植物油的療效**，稱為**不皂化物**，賦予植物油個性和特性。

植物油有各自特殊的化合物成分，決定了色澤是紅是綠，氣味是堅果味或果香。現在植物油有數千種的植物成分，都是維持身體健康的關鍵元素。這原本是要保護植物本身，如果人把這些植物油吃下肚，也可以保護我們自己。

數千種對植物和人類有益的植物成分，主要分成兩大類，分別是多酚化合物和萜烯，遍布於植物組織中，包括種子、核果和核仁。天然的**多酚化合物**（Phenolic compound），富含抗氧化物，內含無數種保護元素，可以抵禦疾病、自由基危害和害蟲，同時也是蔬果、葉子和堅果的著色劑。**萜烯**（Terpene）和**萜類**（Terpenoid）是植物世界的基本構成元素，為植物帶來香氣、營養素、維生素、荷爾蒙和顏色。

植物成分多達數千種，大多跟植物油有關，包括維生素、礦物質、類黃酮、脂質結構等，對於皮膚和身體都有益。大家可以閱讀植物油的書籍和論文來認識這些成分，但這本書仍會介紹幾種常見的植物成分及其功效。

氧氣和抗氧化物的必要性

我們吸入氧氣，呼出二氧化碳。氧氣進入體內，為細胞和器官提供燃料，讓身體有活力並溫暖起來，這就好比寒冷的冬日，壁爐燃燒著原木，也是需要大量的氧氣。這股能量會為你保暖，無論是體外的爐火，或體內之火，都少不了氧氣。身體的代謝作用有賴食物，食物就像是燃料，釋放出生命機能所需的能量。從飲食攝取植物化合物、礦物質和維生素，這股火會燒得炙烈，卻不會燒到失控。

氧氣對生命不可或缺，但氧氣的壞處也不容小覷。氧氣可能會傷害細胞和生命，如果身體缺乏必需營養素，不攝取富含抗氧化物的蔬果，這股火恐怕會燒到壁爐之外，一發不可收拾，以致整間屋子都著火了，火燒到了界線之外，打破本來該有的組織結構。抗氧化劑這種保護物質，正是在維持生命以及破壞細胞之間拿捏平衡。

抗氧化物會抗衡氧氣的顛覆作用，妥善保護細胞和分子，以免受到氧化。身體氧化的原理，就很類似鋼鐵生鏽和蘋果發黃，由於電子散失，形成自由基和不穩定的電子，自由基可能會失控，導致細胞受損，甚至細胞死亡。

蘋果接觸到空氣中的氧氣，就會變成黃褐色（稱為氧化），但只要在切好的蘋果擠一點檸檬汁，就可以保持潔白和新鮮，這是因為檸檬汁內含維生素 C，本身就是抗氧化劑，能夠避免切好的蘋果變黃褐色。抗氧化物成了大救星！抗氧化劑會代替人體的細胞，或者代替切好的蘋果去接受氧化，為不穩定的原子補上電子，成功阻止了氧化連鎖反應。抗氧化物會遏止連鎖反應，移除或中和不成對的自由基電子。植物在飲食和護膚最大的功效，正是以抗氧化物保護人體的細胞。

多酚化合物

生物圈有高達四成的碳，皆屬多酚化合物，為植物帶來五彩繽紛的顏色，還有全方位的防護。**多酚**的英文 Polyphenol，字首 poly 是多重的意思，字尾 phenol 是植物的有機化學成分，可以防止氧化，堪稱植物界的抗氧化物。氧自由基吸收能力，簡稱 ORAC，意指植物物質的抗氧化能力，目前植物王國總共有 4,000 多種 ORAC 化合物，每一種 ORAC 化合物都可以保護植物的組織和功能，以免受到自由基的危害。如果油脂內含高 ORAC 值的成分，無論從飲食攝取，或是直接塗抹在皮膚上，都可以保護我們，以免受到氧化危害。

多酚在植株體內時，也會幫忙防禦草食動物、紫外線、創傷、環境壓力、其他植物的入侵、入侵病原體、害蟲和真菌，舉凡醌、酚、單寧、類黃酮、大豆異黃酮、呋喃香豆素、二苯乙烯和氫桂皮酸，都是多酚。除了提供全方位的嚴密防護毯，多酚也是色澤的來源，為植物的果實、花朵、根部、種子和堅果染上一抹色彩。

很多研究都在探討多酚的抗病潛力，最近癌症研究鎖定多種特殊化合物，據傳可以遏止或延緩癌症的進程，其中有幾份研究都提到了植物油及其成分。

多酚遍布於所有植物性的護膚材料，舉凡植物油、純露、植物脂、精油，這些都是精油的**必需**成分。多酚可以分成兩大類：類黃酮和非類黃酮。

類黃酮

類黃酮（Flavonoid）遍布於自然界，至今發現了 4,500 多種，英文名稱 Flavonoid 源自於拉丁文 flavus，是黃色的意思。類黃酮本來稱為維生素 P，這是因為類黃酮的營養價值，在於它是次級代謝物，對皮膚有強大的抗發炎、抗病菌、抗過敏效果。如果塗在皮膚上，類黃酮會保護皮膚角質層的脂質。類黃酮還會滲透到真皮層，合成維生素 D，同時避免皮膚照射到紫外線，遭受自由基的危害。而後，類黃酮會深入皮下組織，亦即皮膚最底層，保護微血管和維持血液流通，讓皮膚的養分供應無虞。

類黃酮可以分成兩種，一是**黃烷醇**（Flavanol），另一個是**黃酮醇**（Flavonol）。

黃烷醇

兒茶素（Catechin）和**表兒茶酚**（Epicatechin）都屬於黃烷醇，遍布於茶類、莓果、深色水果及其果油，這是單寧的基本構成元素，幫助皮膚自我防護和癒合。兒茶素是強大的抗氧化劑，會防止自由基的危害，有抗發炎和抗病菌的效果。兒茶素也會刺激天然保護酵素的分泌，例如穀胱甘肽（Glutathione），又稱麩胱甘肽，這是細胞用來對抗毒素和自由基的物質，由於可以抗發炎，所以會舒緩皮膚的發紅和過敏。

原花青素（Proanthocyanidin）是兒茶素和表兒茶酚所形成的，是一種高度抗氧化的黃烷醇，抗氧化程度是維生素 C 的 200 倍，也是維生素 E 的 50 倍，具有高度的 ORAC 值，一旦接觸到酸性物質，就會分解成花青素，造就五彩繽紛的果實、花朵、葉子和根部，其中矢車菊素（Cyanidin）堪稱代表作，矢車菊的藍綠色，結合了自然界的藍色和紫色。

原花青素有時候稱為縮合單寧（Condensed tannin），屬於植物體內的收斂物質，可以穩定膠原蛋白和維持彈性蛋白，這兩種關鍵的蛋白成分，專門構成身體的結締組織，包括皮膚在內。原花青素遍布於蔓越莓、黑醋栗、綠茶、紅茶和可可中，具有抗突變的特性，可以保護正常細胞，避免不健康細胞增生。

黃酮醇／黃素酮／大豆異黃酮

槲皮素（Quercetin）的英文源自櫟屬（*Quercus*）的植物學名，屬於植物性的色素類黃酮，為許多食物賦予色彩，包括紅洋蔥和蘋果的紅色，以及其他植物的黃色、褐色、藍色。槲皮素的抗病毒和抗發炎效果，可以維持皮膚和身體的健康。此外，槲皮素的抗組織胺特性，也會避免過敏和刺激反應。槲皮素經研究證實，可以延緩癌細胞生長。

芸香苷（Rutin，*quercetin rutinoside*）是芸香科植物的類黃酮苷類，遍布於芸香科的植物中，英文名稱 Rutin 正是以芸香（Ruta graveolens）命名。芸香苷類似槲皮素，但抗氧化效果更強，可以防止紫外線的傷害。芸香苷也可以刺激循環，直接塗在皮膚上會改善色階。芸香苷的抗發炎效果，阻止體內生成組織胺，控制過敏反應。

非類黃酮的酚酸

酚酸（Phenolic acids）以沒食子酸（gallic acid）為主，但其實還有很多形式，可能作為單寧分子的一部分，也可能獨立存在。沒食子酸可以抗氧化、抗真菌和抗病毒，是許多植物都有的防護成分，其收斂效果可加速傷口癒合，經研究證實會殺死癌細胞，同時保護健康的細胞。沒食子酸遍布於石榴、金縷梅、月見草、芒果脂和茶，無論是植物油或藥草都有其蹤跡。

鞣花酸（Ellagic acid）有抗氧化、抗病菌、抗發炎、抗病毒和防腐的效果，可以保護皮膚的膠原蛋白，促進細胞再生。如果皮膚過薄，鞣花酸也可以增厚皮膚，改善質地。鞣花酸遍布於黑莓、石榴、覆盆莓、蔓越莓、核桃、山核桃，這種化合物是天然的酚類，有助於維持皮膚健康。目前實驗室正在積極做研究，證實鞣花酸有延緩癌細胞增生的效果。

單寧（Tannin）屬於收斂劑，所以每次喝茶，或者吃榲桲、柿子等水果，嘴巴會有乾澀的感覺。單寧可溶於水，可以凝聚組織，啟動身體的療癒機制。多虧了單寧，肌膚蛋白會硬化乾燥，靠攏收縮，如此一來，組織結構會更強韌，進而抵禦外來入侵。單寧還可以把動物皮變成皮革。

單寧也有抗病毒、抗發炎和抗病菌的效果，可維持身體組織的健康平衡。如果植物油含有單寧，因為收斂的特性，觸感比較乾澀，有助於縮小毛孔和緊緻肌膚，舉凡榛果油、茶籽油、山茶花油、芒果脂、葡萄籽油、玫瑰果油、荷荷芭油，都富含大量的單寧。這種收斂性質的植物油，塗抹在皮膚上，或者製成護膚產品，使用起來不那麼油膩，皮膚比較好吸收。

蘋果酸（Malic acid）最早是在蘋果中發現的，這是蘋果和莓果等蔬果有酸味的原因。蘋果酸跟細胞代謝有關，屬於果酸（Alpha-hydroxy acid），是檸檬酸循環反應的產物。蘋果酸攸關細胞的能量合成，堪稱能量的來源。蘋果酸可以跟毒物或重金屬結合，把這些不良物質帶出體外。蘋果酸用在護膚上，可以縮小毛孔，撫平細紋和皺紋。蘋果酸屬於多酚抗氧化物，遍布於堅果油和種子油，例如葡萄籽油、蔓越莓籽油、小黃瓜籽油。

羥基肉桂酸酯（Hydroxycinnamate）／苯基類丙烷（phenylpropanoid）

桂皮酸（Cinnamic acid）是強大的抗氧化物，可以防範紫外線的危害，遍布於乳木果脂等熱帶油脂，以及肉桂、蘇合香之類的香脂中。桂皮酸會滲透到肌膚底層，促進細胞再生，這可是桂皮酸的抗老妙招啊！當臉上的細紋和皺紋變少了，肌膚自然會年輕緊緻。

桂皮酸有類似蜂蜜的香氣，也會應用於香水工業。此外，精油和植物油也不乏桂皮酸。如果使用含有桂皮酸的植物油，至少有皮膚的脂肪酸作為緩衝，但如果單獨使用桂皮酸的萃取物，恐怕有不良的副作用，例如肌膚變薄，以致喪失保濕能力，或變得容易過敏。桂皮酸也是其他多酚、阿魏酸、咖啡酸的前驅物。

阿魏酸（Ferulic acid）是植物木質素和細胞壁的成分，主要存在於穀物，尤其是麥麩。這是強大的抗氧化物，具有抗病菌的功效，經研究證實有抗癌的潛力，會促使癌細胞自我摧毀。

阿魏酸萃取物會提亮膚色。黑色素是肌膚的生物色素，可以避免肌膚受到陽光的影響，因為膚色變暗沉了，肌膚就不容易受到紫外線傷害。阿魏酸也會保護肌膚，但採取完全不同的機制，阿魏酸會主動吸收紫外線，避免體內生成黑色素，換句話說，阿魏酸不僅會關閉黑色素生成機制，還會保護皮膚。阿魏酸還有另一個好處，那就是在紫外線照射下，防護肌膚的效果和能力會大增。

咖啡酸（Caffeic acid）遍布於所有植物的細胞壁中，不僅是木質素的成分之一，也是強大的抗氧化物，抗氧化的效果經證實勝過其他物質。雖然稱為咖啡酸，其實跟咖啡一點關係也沒有。咖啡酸會防範紫外線和自由基的危害，經研究證實也有抗癌效果。咖啡酸在椰子油、大豆油、芒果脂的含量特別高。咖啡酸吸收到體內，會轉換成阿魏酸，加強防曬能力。

迷迭香酸（Rosmarinic acid）屬於咖啡酸酯類，主要存在於唇形科的植物，包括迷迭香、檸檬香蜂草、鼠尾草、牛至和紫蘇。迷迭香酸有抗氧化和抗病菌的效果，經常添加在食品和護膚產品中，當成防腐劑使用。迷迭香酸的抗發炎效果，有助於撫平肌膚細紋，同時促進皮膚細胞再生。

木酚素

木酚素（Lignan）屬於多酚類，可以轉換成植物雌激素。大家容易把木酚素和木質素搞混，因為只差了一個字。木質素關乎植物細胞的結構，例如樹皮或麥麩。木酚素到了消化系統，經過好菌處理，可以跟雌激素受體結合，對抗過剩或不健康的雌激素，進而保護身體。木酚素也是抗氧化物，主要遍布於種子和穀物中，例如燕麥籽、亞麻籽和芝麻籽都富含木酚素。如果攝取富含木酚素成分的未精煉植物油，有助於維持荷爾蒙的健康和平衡。

萜烯和萜類

萜烯和萜類遍布於所有生物中，堪稱最普遍的植物天然物質，對於植物生理和細胞膜至關重要。萜烯和萜類的英文名，主要源自松節油（Turpentine）。

所有植物都含有萜烯和萜類，這成分具有療效和生物活性，含有成倍的異戊二烯單元（Isoprene，包含 5 個碳氫化合物，分子式為 C_5H_8），以異戊二烯的倍數命名，為單萜烯、雙萜烯、三萜烯等。

萜烯	異戊二烯單元數	碳原子數目	例子
異戊二烯	1	5	基本的異戊二烯，5 個碳原子
單萜烯	2	10	精油
倍半萜烯	3	15	精油
雙萜烯	4	20	樹脂，維生素 A
三萜烯	6	30	角鯊烯，植物固醇
四萜烯	8	40	各種維生素，原維生素 A

萜烯和萜類的差異之處，在於萜類含有氧原子，但萜烯沒有。**萜烯**是碳原子和氫原子所組成，看起來就像脂肪酸的碳鏈，只是少了連結氧原子的酸端。維生素 A 就是萜烯類，屬於雙萜烯，內含 4 個異戊二烯單元，有 20 個碳原子。**萜類**除了碳原子和氫原子之外，還多了氧原子。脂肪酸的碳鏈，即脂質，就屬於萜類，此外，脂溶性維生素、皂素、類胡蘿蔔素、精油和植物固醇也是萜類。

植物固醇（Phytosterol）的字首為 phyto，意指植物性。這種不飽和固醇屬於類固醇，遍布於動植物的組織中。膽固醇是人類和動物肝臟合成的固醇，其實是細胞壁的主要原料。膽固醇是蠟質，連同磷脂構成絕大部分的細胞壁。膽固醇有助於維持細胞的結構和健康，還會把太陽光轉換成維生素 D。

至於**麥角固醇**（Ergosterol）存在於蕈菇類，經過太陽光照射，在體內會轉換成維生素 D。無論是植物固醇或動物性膽固醇，都攸關細胞功能的健全。

植物固醇是植物性的膽固醇，吸收到人體內，也有類似的功能。植物王國有取之不竭的植物固醇，種類超過 200 種，主要存在於核果、種子和全穀類。常見的植物固醇有**β-谷甾醇**（Beta-sitosterol）、**豆甾醇**（Stigmasterol）、**菜籽甾醇**（Campesterol）。植物油所含的植物固醇，如果用在護膚上，可以消炎，促進膠原蛋白分泌，防止肌膚受損。

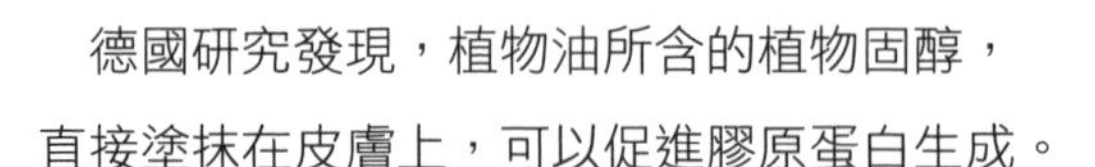

德國研究發現，植物油所含的植物固醇，
直接塗抹在皮膚上，可以促進膠原蛋白生成。

膠原蛋白會維持皮膚的結構，只是隨著年紀漸長，膠原蛋白逐漸流失，以致肌膚長皺紋或變薄。塗抹優質的油脂，可以把肌膚的膠原蛋白保持在最佳狀態，延緩陽光和歲月的傷害。植物固醇也會抗發炎，提升肌膚彈性，同時防範紫外線，並且修復紫外線對皮膚的傷害。

角鯊烯（Squalene）是天然有機脂質，總共有 30 個碳原子，屬於三萜類，動植物體內都會合成，包括人類在內。角鯊烯是固醇合成過程中的產物之一，也是人類皮膚最常見的脂質之一，可以跟皮膚細胞相容，所以皮膚吸收快。角鯊烯也是抗氧化物，可以防止老人斑，防範太陽紫外線傷害。

角鯊烯也是潤膚劑，有助於肌膚保濕；也是抗菌劑，一來保護肌膚，二來促進細胞健康生長。研究人員探討角鯊烯的性質，結果發現角鯊烯會防止癌細胞生成。角鯊烯也經常添加到美妝品中，或者直接塗抹在皮膚上。

角鯊烯最早是在鯊魚肝油發現的，這也是角鯊烯最豐富的來源，但角鯊烯其實也存在於植物中，主要是橄欖油、玄米油、小麥胚芽油，其他油脂也是有少量的角鯊烯。至於角鯊烷（Squalane）跟角鯊烯差了一個字，屬於飽和版本的角鯊烯，性質比高度不飽和的角鯊烯更穩定。角鯊烷有經過氫化作用，一直是產品標示常見的成分。現代技術可以從甘蔗，萃取出天然植物性的角鯊烷。無論是角鯊烯或角鯊烷，都經常添加於營養品、美妝品和護膚產品中。

維生素

維生素是十分關鍵的營養素，人體卻無法自行合成，屬於**必需營養素**的一種，只能從飲食中攝取。人工合成或者從植物萃取的維生素，會添加到美妝品中，維持肌膚健康。脂溶性維生素很穩定，可以在油相的時候添加。水溶性維生素 C 並不穩定，每次添加到產品中，就容易氧化。

類胡蘿蔔素（Carotenoid）是維生素 A 的前驅物，屬於萜烯類，包含 8 個異戊二烯單元，只存在於植物中。動物和人類都無法在體內自行合成，只好從植物攝取。自然界有數百種類胡蘿蔔素，在人體內代謝後，有些會轉換成維生素 A。類胡蘿蔔素包含胡蘿蔔

素（Carotene，通常呈現紫色／紅色／橙色）和葉黃素類（Xanthophyll，呈現黃色，造就出綠色的葉子）。

胡蘿蔔素屬於脂溶性的無氧分子，可以保護和滋養皮膚和身體，最常見的莫過於β-胡蘿蔔素、α-胡蘿蔔素、γ-胡蘿蔔素和茄紅素。胡蘿蔔素最明顯的特徵莫過於顏色，從紫色、紅色、橙色到黃色，但這裡要提醒一下，不是所有的黃色都是胡蘿蔔素。胡蘿蔔素以胡蘿蔔命名，存在於胡蘿蔔籽油和胡蘿蔔根浸泡油，以及其他深色的油，例如布荔奇果油、沙棘油、番茄籽油，呈現深橙色，甚至紅黃色，塗抹在皮膚上，可以防範自由基和陽光的危害。

這些紅橙色的色素，對於植物光合作用有幫助。植物的葉綠素從陽光吸收能量，透過類胡蘿蔔素傳輸到整株植物。類胡蘿蔔素是原維生素A的天然豐富來源，其中胡蘿蔔素能夠轉換成視黃醇（即活性維生素A）。

葉黃素類是水溶性的類胡蘿蔔素分子，含有氧分子，存在於綠色葉菜類，例如羽衣甘藍、高麗菜和菠菜。葉黃素類包括葉黃素（Lutein）和玉米黃素（Zeaxanthin）。雖然這種類胡蘿蔔素不會轉換成維生素A，但本身就是強大的抗氧化物。

維生素E屬於相關酚類化合物，具有抗氧化的效果，分成生育酚（Tocopherol）、生育三烯酚（Tocotrienol）和最近才離析出來的生育單烯酚（Tocomonoenol），可以保護身體細胞，免於氧化逆境的危害。羥基（-OH）會貢獻氫電子，讓自由基喪失活性，及時阻止連鎖反應。無論是生育酚或生育三烯酚，都有α、β、γ、δ的形式。

生育酚是最常見的維生素 E，最早是在一九二二年發現的。生育酚是強大的抗氧化劑，可避免身體組織受到自由基危害，並且壓制紫外線所生成的過氧毒素。由此可見，生育酚會壓制紫外線所致的毒素，保護皮膚的細胞膜，避免皮膚發炎，加速傷口癒合。很多植物油都含有生育酚，作為植物油本身的天然抗氧化劑。生育酚添加於油品中，會延緩油品變質。芝麻油、葵花油、橄欖油、核桃油，只含有生育酚這種維生素 E。

生育三烯酚沒那麼出名，卻是更有效的抗氧化劑，其抗氧化效果是 α 生育酚的 40～60 倍，化學結構也沒有生育酚飽和，所以活動性和反應性更佳。生育三烯酚分子小，活動性好，吸收程度也越好。生育三烯酚具有強大的抗發炎效果，可以保護皮膚，避免各種環境的傷害和壓力。生育三烯酚主要存在於穀物中，例如玄米、黑麥、大麥、小麥胚芽和燕麥。此外，蔓越莓籽油、藍莓籽油、棕櫚油和可可脂，也含有大量的生育三烯酚。

至於最近發現的維生素 E，也就是**生育單烯酚**，其實是在棕櫚油發現的。生育單烯酚正如同生育酚，擅長捕捉不穩定的自由基。生育單烯酚存在於奇異果的果皮和種子，還有一些海鮮中，例如鮭魚卵含有高濃度的生育單烯酚。以前我們所謂的維生素 E，如今已有很多分支，當我們多攝取天然物質，可以多吸收一些至今尚未離析、發現或知曉的化合物，目前仍有很多化合物的益處，尚未受到大家的承認和肯定。

維生素 C 是另一種關鍵的保健營養素，屬於水溶性化合物，極度不穩定。如果是 L-抗壞血酸的形式，一碰水就快速氧化。若護膚產品內含不穩定的物質成分，還沒開封就氧化了，那就沒有價值可言了。因此，如果是含水的配方，絕對不可以添加 L-抗壞血酸的維生素 C，否則很快就氧化變黃了，還好現在有其他更穩定的維生素 C，包括脂溶性的抗壞血酸棕櫚酸酯（Ascorbyl palmitate），或者跟礦物質結合成維生素 C 磷酸酯鎂（Magnesium ascorbyl phosphate，MAP），都是植物性，也不易氧化。高濃度維生素 C 直接塗抹在皮膚上，有些人可能會過敏，要小心使用。

維生素 C 對皮膚有幾個好處，包括促進膠原蛋白增生，修復會導致皺紋、乾燥和粗糙的皮膚病症，維持皮膚的免疫功能。如果想要為皮膚補充維生素 C，最好透過飲食和塗抹，來攝取富含維生素 C 的油脂。黑莓籽油、玫瑰果油、沙棘油、百香果籽油、南瓜籽油、芒果脂，皆含穩定的維生素 C，以便身體吸收和利用。

維生素 D 並不存在於植物或植物油中，但植物油跟皮膚交互作用之後，會合成維生素 D。皮膚中層的膽固醇，經過陽光照射，可以生成維生素 D，因此在皮膚塗抹植物油，會加速身體吸收維生素 D。如果去戶外活動曬太陽，回家別急著洗澡，可以幫助體內合成和吸收維生素 D。

只不過，擦防曬乳、穿外套，置身在多雲天氣、煙霧瀰漫或高緯度氣候區，都會干擾人體合成維生素 D。唯有居住在低於 35 度緯線的地區，才有可能全年合成維生素 D。以美國為例，只有加州南部聖路易斯奧比斯波（San Luis Obispo），以及部分亞利桑那州、新墨西哥州等南方地區。一旦居住在 35 度緯線以北，身體合成維生素 D 的機會只限於夏季，日照時間才會夠長。

維生素 D 是攸關人體健康的營養素，可以幫助腸道吸收鈣質，讓骨骼永遠強壯有力。此外，維生素 D 還可以抗發炎，調節免疫系統，維持心臟和循環系統的健康，降低癌症和糖尿病的風險，刺激頭髮生長，加速從感染疾病復原，例如感冒和流感，提振認知功能，幫助維持體重。由此可見，維生素 D 對整體健康極為有益。

有一些食物含有少量維生素 D，包括部分蕈菇類、奶油、蛋黃、肉類，但前提是動物本身有機會照到陽光。如果平常會攝取魚油和魚肉，這些油脂就足以維持我們身體健康，再不然就另外服用營養品補充維生素 D。

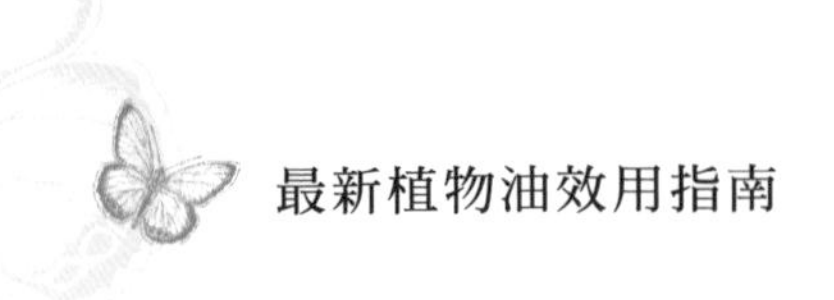

不過，最棒的維生素 D 來源，依然是曬太陽，記得不要塗抹防曬乳，但可以塗抹熱帶地區的植物油，不僅會幫助身體合成和吸收維生素 D，還會防範陽光的氧化傷害。

維生素 F 是過時的說法，先前有提過，這意指兩種必需脂肪酸，亦即 α-次亞麻油酸和亞麻油酸。

維生素 P 也是類黃酮的舊說法（參見前面的內容）。

還記得這本書一開始，維基百科對於油脂的定義嗎？現在大家應該更明瞭了吧？為了充分理解某個主題，有賴各個層面的投入，包括心理、生理、經驗和情緒。真正接觸後，每一次經驗都會帶來更清晰的思考，更深入的理解。我之前提過，這本書就好像我的讀書報告，隨著時間的推進，不斷擴充和延伸，至今仍持續擴編中。

接下來，我會介紹 90 幾種植物油，包括簡介、學名、特徵、自古以來的用途、對皮膚和身體的效果。至於植物油的使用心得，涉及我個人的使用經驗。這本書的附錄有脂肪酸和脂質的整理表、表格和補充資料，幫助大家吸收前述的內容。然而，我不可能在這本書窮盡所有的植物油，畢竟每一年都有新的植物油問世。自從我開始撰寫這本書，短短十年內，植物油的數量就翻了一倍。

我建議大家親自去體驗這些油脂，例如趁烹飪的時候，嘗試新的植物油；或者塗抹在皮膚上聞看看；又或者試著攪打或乳化這些油脂。反正就是盡情去享受大自然賜予我們的禮物。

PART 10 植物油、植物脂、蠟的使用指南

Oils, Butters, and Waxes：A List

這裡收錄了常見和罕見的植物油、植物脂、蠟，但依然不夠完整。市面上經常有新的植物油問世，大家對於健康和自然生活的追求，也會影響油品的排行榜，所以市面上買得到的油脂隨時都在變化。

這本書探討大家熟悉且使用多年的植物油，例如手邊必備的甜杏仁油、葵花油、橄欖油、杏桃核仁油，如今已是身體肌膚保養的必需品。隨著我們在全球旅行和遷徙，有來自其他國家的新鄰居，進而認識其他地區的護膚油和食用油，例如摩洛哥堅果油、瓊崖海棠油、猴麵包樹油、苦楝油、巴西莓果油、布荔奇果油。這個數目只會越來越多，油品的名稱可是與日俱增呢！

最近有一項新趨勢，那就是壓榨常見植物的種子，開發出特殊的新油品。以前只是當成渣滓（例如榨完果汁或取完果泥），撒在田裡堆肥，如今卻回收再利用，開發出新的脂質來源，例如番茄榨成番茄汁、做番茄醬或番茄產品後，遺留下大量的種子和果皮，以往當成渣滓丟棄，但其實這些都含有珍貴的植物營養素，壓榨後會釋放種子的脂肪酸，創造出全新的營養油品，稱為番茄籽油。此外，小黃瓜籽油、藍莓籽油、蔓越莓籽油、黑莓籽油和覆盆莓籽油，都是這樣問世的。這些蔬菜水果在榨完果汁或取完果泥後，再來壓榨種子油脂。現代有各式各樣的食品處理設備，可以完成油品的收集、分離和壓榨。

種子是繁衍新生代植物的迷你引擎。種子一定要有充足的養分，持續供給嫩芽營養，直到能夠行使光合作用為止。種子發芽的條件，除了溫暖有水的環境，還要有充足的能量，所以種子內含高濃度的太陽能量，足以供應到幼苗能自行吸收陽光，行使光合作用為止。在長出幼苗之前，植物都是仰賴種子儲存的太陽能量維生，亦即所謂的植物油。既然有種子就有植物油，大家可想而知植物油的種類有多麼驚人了！

這本書的初版只收錄 35 種植物油，介紹這些植物油的特性，後來有更多新的植物油問世，因此這一版收錄了 90 多種植物油和植物脂，及介紹幾種適合護膚的植物蠟和兩種動物蠟。

這本書收錄的植物油，按照英文俗名的字母順序排列，額外附上拉丁學名，畢竟拉丁學名是全球通行名稱，不像俗名容易混淆。除此之外，這本書還附上國際化妝品成分標準命名（INCI），這是全世界公認的化妝品成分標示，INCI 碰到植物成分，也會是以拉丁學名為準。附錄還有各種油脂的脂肪酸含量和化學成分。

肥皂也有自己的 INCI 命名規則，端視其使用的植物油而定。一開始先標示肥皂所含的氫氧化物、鈉和鉀，最後在油品的英文名添加 ate 字尾。如果是澳洲胡桃油做的肥皂，英文名可能是 Sodium macadamiate。如果是可可脂做的肥皂，英文名可能是 potassium cocoa butterate。

我們即將踏上的植物油之旅，走遍全球各地，打頭陣的是海甘藍籽油，源自地中海地區，目前栽培於加拿大西部，最後的壓軸是南非岩谷油。這些植物油遍布五大洲，全球各個地區，從熱帶到溫帶。無論是樹木、棕櫚、藤蔓、灌木、莓果，一年生或多年生，都有各自的種子，都可以壓榨植物油。

海甘藍籽油

（俗名：Abyssinian oil，學名：*Crambe abyssinica*）

（INCI 名稱——Crambe Abyssinica Seed Oil）

海甘藍籽油源自地中海地區的原生油料作物。海甘藍籽油屬於十字花科蕓薹屬，跟油菜籽以及芥菜關係密切。海甘藍籽油的芥酸（C22:0）含量高，高達 60%，不適合食用，向來是製造塑膠和潤滑油的原料。高芥酸含量的油脂，並不適合人類服用，美國以及加拿大都明文規定，富含芥酸的油脂（含量 5%以上），不得製成食用油，也不得添加於食品中。亞洲文化倒沒有西方這麼保守，反而盡情使用高芥酸含量的油脂（含量甚至高達 40%）。海甘藍籽油的工業用途類似礦物油，但比起礦物油更能夠被生物所分解。

海甘藍籽油在美妝品市場是新面孔，含有大量的長鏈脂肪酸，性質獨特。海甘藍籽油 70～75%的碳鏈都是長鏈，碳原子動輒 20 個以上，性質極為穩定，不容易氧化，正因為含有極長鏈不飽和脂肪酸，海甘藍籽油格外清爽，一下子就滲透到肌膚底層。海甘藍籽油塗在皮膚上，觸感滋潤，卻沒有特殊的氣味，很快就被皮膚吸收了。海甘藍籽油可以為皮膚補充脂質，緩解乾燥問題，讓肌膚更加柔嫩細緻。海甘藍籽油長鏈的脂肪酸，絲毫不油膩，一直是大家愛用的護髮油。

巴西莓果油

（俗名：Acai oil，學名：*Euterpe oleracea*）

（INCI 名稱——Euterpe oleracea Fruit Oil）

巴西莓果油又稱為阿薩伊棕櫚樹果油（assai palm），原生於巴西和中南美洲，跟鋸棕櫚（saw palmetto）同屬棕櫚科。巴西莓果跟葡萄差不多大，呈現深紫色，南美洲原住民世世代代都會吃巴西莓果和巴西莓果油。巴西莓果深色的小核仁，可以榨出油來，富含營養和能量，以抗氧化和抗發炎的效果聞名。巴西莓果油含有大量植物成分，例如黃烷醇、維生素 B_1、B_2、B_3、E 和 C，外加鈣和鉀等礦物質，以及蛋白質。巴西莓果油的脂肪酸成分也很亮眼，油酸（55%）和亞麻油酸（45%）含量都很高。

巴西莓果油富含大量的花青素（比製作紅酒的葡萄更多，紅酒葡萄已經是最多人公認的抗氧化物來源），可以防範肌膚受到自由基的危害。巴西莓果油營養豐富，潤膚又保濕，特別適合熟齡肌使用，有助於抗老。巴西莓果油營養成分高，富含胺基酸、亞麻油酸、礦物質和維生素，可以修復濕疹和乾癬等皮膚病症。巴西莓果油的亞麻油酸含量特別高，很快就滲透到肌膚底層。巴西莓果油也經常當成芳療基底油和按摩油，可以排水消腫。巴西莓果油含有大量的植物營養素，經研究證實可以防止細胞突變和不良細胞增生。

甜杏仁油

（俗名：Almond oil，學名：*Amygdalus communis*）

INCI 名稱——Amygdalus communis (Almond) Oil

INCI 肥皂皂化物名稱——Sodium Almondate

甜杏仁油從大家熟悉的杏仁壓榨而成，對皮膚來說是很棒的潤膚劑，溫和、清爽、滋養。甜杏仁油是不飽和脂肪酸，卻極為穩定，主要成分除了單元不飽和的油酸，也富含亞麻油酸，有一些品種的甜杏仁油，亞麻油酸含量甚至達到 20～30%。甜杏仁油富含維生素 E（每盎司就有 10 國際單位）、角鯊烯、糖苷和 β-谷甾醇，這些成分都可以舒緩肌膚，為肌膚提供養分。

甜杏仁油的保濕效果佳，可防止經皮水分散失（TEWL）。把甜杏仁油塗在皮膚上，可以為皮膚最外面的角質層，形成清爽的鎖水保護膜。甜杏仁油有 70%是油酸，20%是亞麻油酸，皮膚滲透率適中。甜杏仁油含有植物固醇，所以也會抗發炎，強化皮膚的屏障功能。甜杏仁油可潤滑和保護肌膚，塗在乾燥或受損肌膚上，經研究證實其潤膚效果竟長達數天之久。

甜杏仁油也是製作肥皂的植物油，起泡效果佳，還可以舒緩肌膚。未精煉的甜杏仁油，含有最多甜杏仁油的營養素，適合做肥皂和藥草膏。

蘆薈油

（俗名：Aloe vera oil，學名：*Aloe barbadensis*）

（INCI 名稱——Glycine soya oil, Aloe barbadensis）

屬於複合油，由基底油和蘆薈萃取物調製而成。蘆薈的療效在於葉子，但蘆薈葉所含的脂質，並不足以採油，如果直接標示為蘆薈油販售，容易令人混淆，人家會以為是蘆薈壓榨的油。由於蘆薈油是複合油，所以拿來製作肥皂計算皂化價的時候，記得要採用基底油的皂化價。這裡列出的 INCI 名稱，是以大豆油作為基底油，但也可以換成椰子油、甜杏仁油等，只不過肥皂的配方設計，會隨著基底油而有所不同。

安弟羅巴果油

（俗名：Andiroba oil，學名：*Carapa guianensis*）

（INCI 名稱——Carapa guianensis (Andiroba) Seed oil）

跟苦楝樹同屬楝科（Meliaceae），所以跟苦楝油有類似的活性物質。安弟羅巴果油原生於巴西的亞馬遜盆地，當地人用來治療皮膚病症。此油能夠治癒傷口和蚊蟲咬傷，塗抹在皮膚上可以殺蟲。安弟羅巴果油放在室溫下，稍微有一點凝固，但其實是一款清爽的油，很容易融化，一下子就被皮膚吸收。安弟羅巴果油有 50%是單元不飽和的油酸，另外有 28%是棕櫚酸，11%是亞麻油酸。

安弟羅巴果油具有抗發炎的效果，可以促進皮膚循環。安弟羅巴果油富含檸檬苦素（limonoid）和三萜（triterpene），可以消炎，治療關節疼痛和身體緊繃。安弟羅巴果油也會消腫和止痛，還有抗病毒、抗真菌和抗病菌的效果。安弟羅巴果油的成分，除了內含油酸、棕櫚酸和亞麻油酸，也含了微量的棕櫚油酸和 α-次亞麻油酸。安弟羅巴果油可保濕活膚，亦可治療痘痘、濕疹和乾癬等皮膚病，堪稱全方位的實用植物油。

杏桃核仁油

（俗名：Apricot kernel oil，學名：*Prunus armeniaca*）

（INCI 名稱——Prunus armeniaca (Apricot) Kernel Oil）

（INCI 肥皂皂化物名稱——Sodium Apricot Kernelate）

跟甜杏仁油極為類似，只不過質地更清爽柔和，杏桃核仁油的亞麻油酸含量也比較高，大約占了 34%。杏桃核仁油潤膚、滋養又活膚，超適合熟齡肌使用。杏桃核仁油富含維生素 E，可延緩肌膚遭受自由基的破壞，另外含有 β-谷甾醇這種植物固醇，可以抗發炎，舒緩過敏症狀，維持肌膚的屏障功能。未精煉的杏桃核仁油十分清爽，散發著杏仁膏／甜杏仁的堅果香氣。如果拿來製作肥皂，效果跟甜杏仁油差不多，起泡效果佳，還可以滋養肌膚。

杏桃核仁有一個非比尋常的特色，苦杏仁苷（nitriloside）的含量在植物界數一數二。苦杏仁苷又稱為維生素 B-17，一直被譽為防癌植物成分，甚至有了癌症維生素 B-17 治療，雖然這缺乏科學根據，但仍有很多人宣稱有效。把杏桃核仁油製成癌症藥膏，讓高風險族群或癌症患者使用，**可能**會有幫助，如果對這方面有興趣，不妨參考英格麗・奈曼（Ingrid Naiman）的著作《癌症藥膏大全》（*Cancer Salves*）。

摩洛哥堅果油

（俗名：Argan oil，學名：*Argania spinosa*）

（INCI 名稱——Argania Spinosa (Argan) Nut Oil）

（INCI 肥皂皂化物名稱——Sodium Argannate）

是從摩洛哥原生阿甘樹的堅果壓榨而成。阿甘樹的堅果和堅果油，向來是摩洛哥人的食物，就連當地的家畜也會吃阿甘樹的堅果，在 Google 搜尋「山羊爬樹吃堅果」，就可以找到有趣的圖片。依照傳統的採油方式，山羊會先吃過阿甘樹的堅果，人們再撿拾地上的核仁，壓榨出油，只是隨著摩洛哥堅果油日益風行，不得不換成更現代的採集和處理方式。阿甘樹是摩洛哥的原生植物，早已適應惡劣的沙漠環境，所以對皮膚有類似的保護功能，一來保濕，二來阻絕酷熱的陽光、空氣和高溫。

摩洛哥堅果油質地清爽，一下子就滲透到皮膚底層，完全不油膩，超適合護膚及治療問題皮膚。摩洛哥堅果油的主要成分為單元不飽和的油酸，與多元不飽和的亞麻油酸，潤膚又滋養。摩洛哥堅果油也富含維生素 E、多酚、角鯊烯和胡蘿蔔素，以及防範自由基危害的抗氧化物。摩洛哥堅果油可以抗老、抗發炎和保濕，不妨直接當成按摩油使用，或者添加到護膚用品中。摩洛哥堅果油有益身體健康，被摩洛哥人稱為**液態黃金**，如今聞名全球。

08 酪梨油

（俗名：Avocado oil，學名：*Persea gratissima*）

（INCI 名稱——Persea gratissima (Avocado) Oil）

（INCI 肥皂皂化物名稱——Sodium Avocadate）

對皮膚來說極度滋養，也具有療效。酪梨油的油脂來自酪梨的「果實體」，也就是種子周圍的果肉，類似於橄欖油。酪梨油是果肉壓榨而成的，可以烹調、食用、護膚、製作美妝品，所以是大受歡迎的植物油。至於酪梨種子壓榨的酪梨油，有苦味，只限於護膚用途。酪梨油有 20%是不飽和的亞麻油酸，12%是罕見的棕櫚油酸，可以滋養肌膚並且維持角質層的健康。

酪梨油含有極高比率的不皂化物，包括維生素 A、B、E，以及蛋白質和胺基酸，還有微量的卵磷脂。酪梨油會促進真皮層（皮膚中層）的膠原蛋白增生，否則皮膚缺乏膠原蛋白，看起來會又老又薄。酪梨油的植物固醇成分，可維持膠原蛋白和皮膚結構，預防老人斑和細胞壁弱化，同時舒緩發炎症狀，促進組織再生，維護皮膚的屏障功能。

酪梨油是少數幾種富含類胡蘿蔔素的植物油，以天然的物質防範紫外線的危害。酪梨油也有防護和促進再生的效果，皮膚一下子就吸收了，如果用在敏感性或受損肌膚上，有助於修復和潤膚，還會治療乾燥症和頭皮屑。

未精煉的酪梨油，不皂化物的含量更高，高達 11%，質地濃稠，呈現鮮綠色，可能把肥皂或潤膚霜染成綠色或灰色，一切端視酪梨油的用量而定，但酪梨油真的很適合製作肥皂，一來加速皂化，二來做出來的肥皂硬度夠，也兼具療效。

巴巴蘇油

（俗名：Babassu oil，學名：*Orbignya oleifera* 或 *Attalea speciosa*）

（INCI 名稱——Orbignya Oleifera (Babassu) Oil）

（INCI 肥皂皂化物名稱——Sodium Babassate）

取自巴西棕櫚樹，總共有兩種學名，屬於熱帶地區的固態油／脂，呈現黃色至白色。巴西棕櫚樹生長於南美洲的亞馬遜地區，當地原住民稱為 Cusi，可以做料理、藥物、護膚和飲料。巴西人在每年 8～11 月收集果實，破殼人以女性居多，拿著斧頭剖開果實，把果實處理成巴巴蘇油。

巴巴蘇油是少數幾種富含中鏈脂肪酸的植物油，例如月桂酸。巴巴蘇油很好吸收，一碰到皮膚就融化了，這就是中鏈脂肪酸的特色。巴巴蘇油所含的月桂酸、辛酸和癸酸，可以調理肌膚、抗病菌、抗病毒，正好也是中鏈脂肪酸的特徵。巴巴蘇油的用途跟椰子油差不多，觸感和脂肪酸成分都很類似，只差在沒有椰子的香氣。

巴巴蘇油除了月桂酸的成分，肉豆蔻酸（C14:0）也占了 15%。肉豆蔻酸屬於飽和脂肪酸，具有抗發炎的效果，人類的皮脂也會合成。肉豆蔻酸只比月桂酸（C12:0）多了兩個碳原子，所以比起長鏈的硬脂酸，更契合月桂酸的作用。雖然巴巴蘇油是飽和油，但融化得很快，一下子就滲透到肌膚底層，可以緩解肌膚乾燥問題，保護皮膚最外層的角質層。巴巴蘇油也富含維生素 E 和植物固醇，可以抗氧化和抗發炎，對皮膚有防護和滋養的效果。

巴巴蘇油如同椰子油，含有月桂酸成分，脂肪酸的成分也類似，製作肥皂的起泡效果都很棒！

猴麵包樹油

（俗名：Baobab oil，學名：*Adansonia digitata*）

（INCI 名稱——Adansonia digitata (Baobab) Seed Oil）

在非洲無人不知無人不曉，木棉科植物（Bombacaceae）的拉丁學名，甚至以它命名。斯瓦希里人把猴麵包樹稱為 Mbuyu，有時候也稱為「倒栽樹」，因為樹型太特別了，而且壽命長達 6,000 年！猴麵包樹原生於非洲的東部和南部，原住民早已使用數個世紀。它的脂肪酸成分很特別，在油酸和亞麻油酸之間取得平衡，兩者各占了 32%，還有穩定的棕櫚酸（25%）和 α-次亞麻油酸（3%）。這是相當穩定的油脂，最長可以保存 2 年以上，添加在任何產品中，都可以防止氧化和變質。

就連精煉過的猴麵包樹油，也含有一系列的維生素和植物營養成分，包括維生素 A、D、E。猴麵包樹油的促進再生、保濕和調理效果極佳，能夠重建和軟化肌膚。猴麵包樹油對熟齡肌格外有幫助，可改善皮膚組織的彈性，維持真皮層的膠原蛋白。猴麵包樹油還可以舒緩傷口、燒燙傷和皮膚疼痛，對於受損肌膚來說是絕佳的藥膏基底。猴麵包樹油還可以在曬太陽前後塗抹，並且有修復痘痘肌和酒糟鼻的效果。

黑莓籽油

（俗名：Blackberry seed oil，學名：*Rubus fruticosus*）

（INCI 名稱——Rubus Fruticosus (Blackberry) Seed Oil）

屬於薔薇科這個大家族，薔薇科植物油的觸感，一向以清爽著稱，一下子就被肌膚吸收，而且可以滲透到底層。黑莓籽油富含亞麻油酸（60%）和 α-次亞麻油酸（15%），這兩種必需脂肪酸會深度滋養肌膚。黑莓籽油含有維生素 E 的生育酚和生育三烯酚，以及 β-谷甾醇、類胡蘿蔔素和葉黃素，可以抗發炎和捕捉自由基，一邊滋養肌膚，一邊舒緩和防護肌膚。

黑莓籽油的特殊之處，在於富含維生素 C。維生素 C 可以延緩老化，促進膠原蛋白增生。維生素 C 會改善並防止皮膚斑、皺紋和毛孔粗大。黑莓籽油所含的維生素 C，剛好是比較穩定的來源，適合添加在護膚產品中，或者直接塗在皮膚上，否則維生素 C 這種水溶性維生素，出名的不穩定，尤其是跟水性原料結合，但黑莓籽油所含的維生素 C，卻可以直接幫助皮膚。既然是天然的維生素 C，就沒有人工合成的過敏疑慮。黑莓籽油按摩在臉上，觸感柔順溫和，很快就吸收了。多虧這些植物成分，只要保存方式正確，像黑莓籽油這種不飽和油放兩年也不會壞。

黑醋栗籽油

（俗名：Black currant seed oil，學名：*Ribes nigrum*）

（INCI 名稱──Ribes nigrum (Black Currant) Seed Oil）

源自茶藨子屬（Ribes）的植物，原生於英格蘭和北歐。黑醋栗和黑醋栗籽油都是維生素 C 的主要來源，黑醋栗籽油也是少數富含 γ-次亞麻油酸（GLA）的植物油，含量達到 20%，這對於皮膚和身體來說是必要的不飽和脂肪酸，GLA 是免疫系統的基本組成分子，攸關細胞的健全運作。既然 GLA 是最基本的營養素，身體可以直接使用，完全不用刻意調整。除了從飲食攝取黑醋栗籽油，也可以把黑醋栗籽油直接塗在皮膚上。

黑醋栗籽油可以保持肌膚彈性，舒緩發炎，滋養過敏肌膚，減輕濕疹和乾癬等皮膚病症，是重要的護膚用油。黑醋栗籽油能夠迅速滲透到身體組織，為肌肉關節供應脂肪酸和營養素，有助於修復身體所受的壓力傷害。黑醋栗籽油內含 GLA、維生素 C 和植物固醇，會刺激膠原蛋白增生和皮膚再生，也可以維持肌膚保濕力和膚色亮白，所以有抗老效果。黑醋栗籽油也是潤膚和活膚的好油。

藍莓籽油

（俗名：Blueberry seed oil，學名：*Vaccinium corymbosum* 或 *V. myrtillus*）

（INCI 名稱——Vaccinium Corymbosum (Blueberry) Seed Oil）

以抗氧化聞名，名氣完全不輸給營養的藍莓。藍莓籽油是近期的新油品，質地清爽，呈現淡綠色，散發著甜美的藍莓香氣。藍莓籽油富含必需脂肪酸，包括亞麻油酸（40%）和 α-次亞麻油酸（25%），可以滋養深層肌膚。藍莓籽油也含有大量的植物固醇、類胡蘿蔔素和維生素 E，即使用量只有一點點，效果仍很強大。藍莓籽油也會帶來營養和活性，可以保護皮膚的角質層，修復傷疤組織等受損。藍莓籽油也會促進再生，撫平細紋，增添肌膚彈性。

藍莓籽油所含的維生素 E 成分，格外引人注目，包括生育酚和生育三烯酚。這些天然平衡的抗氧化劑，隨時會幫助肌膚防範自由基的危害，其中高度不飽和的生育三烯酚，流動性和活性都很高，甚至超越了生育酚，可快速防堵或中和自由基作用，對於保護和修復肌膚格外有效，還會延緩老化，常保肌膚健康。

琉璃苣油

（俗名：Borage seed oil，學名：*Borago officinalis*）

（INCI 名稱——Borago Officinalis (Borage) Seed Oil）

（INCI 肥皂皂化物名稱——Sodium Boragate）

源自琉璃苣美麗花朵的種子。琉璃苣油的 γ-次亞麻油酸（GLA）含量是最高的（25%），大勝其他植物油，包括月見草油和黑醋栗籽油。高含量的 GLA 可以促進肌膚再生，加強和活化肌膚的屏障功能，避免水分散失，維持肌膚彈性。除了有益的 GLA，琉璃苣油還含有亞麻油酸（35%），可以防止皺紋和過早老化，解決肌膚失去彈性和乾燥的問題。

琉璃苣油內含各式各樣的植物成分和營養素，可以刺激皮膚細胞的活性，同時有抗發炎的效果，所以會舒緩關節和軟組織的疼痛。琉璃苣油含有阿魏酸，這是比維生素 E 更強大的抗氧化劑，會避免肌膚遭受陽光和天氣的傷害，也可以修復受損肌膚。琉璃苣油也有收斂效果，內含單寧的成分，塗抹在肌膚上觸感乾澀，所以能鎮定發紅和縮小毛孔。此外，鞣花酸的成分會刺激膠原蛋白增生，防止膠原蛋白裂解，並且促進肌膚再生。

巴西堅果油

（俗名：Brazil nut oil，學名：*Bertholletia excelsa*）

（INCI 名稱——Bertholletia excelsa (Brazil) Nut Oil）

源自亞馬遜盆地的大樹。巴西堅果和巴西堅果油用途多，做料理、護膚和護髮皆宜。巴西堅果原生於亞馬遜流域，當地只有一種蜜蜂可以為它交叉授粉。這樣的大樹，當然會結出碩大的堅果，堅果殼跟葡萄柚一樣大，重達 4 磅以上，據說從高處的樹枝掉落，堅果會猛然撞擊地面，果殼裡面的巴西堅果，就彷彿橘子果肉，一瓣一瓣的排列。當地人會燃燒巴西堅果油照明，類似夏威夷石栗油的用法。

巴西堅果油如同猴麵包樹油，脂肪酸的成分極為特殊，油酸和亞麻油酸的比例近乎相等，也含有少量的棕櫚酸，所以性質穩定，具有防護效果。巴西堅果油呈現半固態，有一點濃稠，但很快就融化成液態。巴西堅果和巴西堅果油含有硒，這是抗氧化的微量礦物質，連同維生素 A 和 C，共同維護肌膚的角質層。硒的成分可以保持肌膚彈性，避免紫外線造成的危害，還會修復陽光和環境壓力造成的受損。巴西堅果油有保濕效果，可以改善肌膚乾燥問題，防護肌膚組織，是珍貴的護膚材料。

16 綠花椰菜籽油

（俗名：Broccoli seed oil，學名：*Brassica oleracea italica*）

（INCI 名稱——Brassica oleracea italica (Broccoli) Seed Oil）

大約有一半的成分是 Omega-9 芥酸（C22:1），這是極長鏈的不飽和脂肪酸。綠花椰菜籽油屬於十字花科蕓薹屬，具有保濕效果，性質穩定不油膩，卻極為有效。極長鏈脂肪酸可以避免烈陽的傷害。此油適合調理髮質，呵護毛躁頭髮，但絲毫不油膩。

蘿蔔硫素（Sulforaphane）這個成分跟十字花科有關，可以誘發防禦酵素（protective enzyme）分泌，所以能防範紫外線的傷害。綠花椰菜籽的蘿蔔硫素含量特別高，會促使身體分泌更多穀胱甘肽，這是任何細胞都會生成的輔酶抗氧化劑。穀胱甘肽的功用是持續保護細胞，中和並排出毒素和自由基。穀胱甘肽也會在微血管加強抗發炎作用，延緩甚至阻止臉部的細微血管生長，進而緩解酒糟鼻的症狀。

如果油脂含有極長鏈不飽和脂肪酸，動輒 20 個以上的碳原子，會有類似矽膠的觸感，濃厚黏稠，但有保護作用。矽膠添加於美體產品，可以增添亮澤。綠花椰菜籽油就是天然的矽膠，能夠為護膚產品提高品質，更容易滲透到肌膚細胞，卻不會留下油漬。綠花椰菜籽油適合製作護髮產品，以及質地清爽的護膚產品，但除非經過高度精煉，否則有輕微硫磺味，類似高麗菜炒過的味道，顏色呈現淡綠色，但還好這個問題是可以克服的，只要經過稀釋，就能蓋過綠花椰菜籽油的氣味。

布荔奇果油

（俗名：Buriti oil，學名：*Mauritia flexuosa*）

（INCI 名稱——Mauritia flexuosa (Buriti) Seed Oil）

源自巴西和亞馬遜盆地的莫里切棕櫚樹。布荔奇一詞，在巴西是「生命樹」的意思。布荔奇果油呈現深紅橙色，含有大量的類胡蘿蔔素和β-胡蘿蔔素，甚至比胡蘿蔔更豐富。紅橙色的類胡蘿蔔素和多酚化合物，能夠對抗可怕的紫外線。β-胡蘿蔔素之類的抗氧化物透過防護機制，中和並阻止過度曬太陽的自由基危害，可以防止肌膚受損，並且修復肌膚。布荔奇果油富含維生素 E 生育酚，能夠保住皮膚細胞的水分，以免受到氧化傷害和肌膚退化。

布荔奇果油是大自然的恩賜，可以促進傷口癒合，防止傷疤過度增生。布荔奇果油含有不飽和脂肪酸，主要是油酸，可以活膚、保濕和重建肌膚，維持肌膚的彈性。深色的布荔奇果油有可能弄髒衣物，但如果只是碰到皮膚，很容易就清洗掉了。如果把布荔奇果油添加於美妝品和高端護膚產品，可以增添美麗的黃色，給人滋潤和活膚的感受。

亞麻薺油

（俗名：Camelina oil，學名：*Camelina sativa*）

（INCI 名稱——Camelina sativa Seed Oil）

原生於歐洲和中亞，屬於油料作物。亞麻薺油有很多別稱，例如野生亞麻、亞麻菟絲子、德國芝麻、西伯利亞油籽，可見它分布的範圍廣，自古以來就是主要糧食來源。人類學證據顯示，亞麻薺作物有 3000 多年的栽種歷史。亞麻薺油屬於蕓薹屬，古代人會拿來點燈照明，如今因為含有大量的 α-次亞麻油酸（40%），被大家當成食用油。亞麻薺油富含營養，也可以代替亞麻籽油。亞麻薺屬於十字花科，但芥酸含量只有 2%，比其他同科的植物油還要低。亞麻薺油直到最近幾十年才傳到美洲，成為北美洲的農作物，在歐洲則稱為「**喜悅之金**」（Gold of Pleasure）。

亞麻薺油富含 Omega-3 脂肪酸（40%）、Omega-6 脂肪酸（22%）和單元不飽和脂肪酸（30%），性質卻出奇穩定，這是因為亞麻薺油含有大量的維生素 E 生育酚，還有其他抗氧化物，可以避免亞麻薺油氧化。亞麻薺油的 Omega-3 和 Omega-6 脂肪酸的比例是 2:1，有助於維持飲食中必需脂肪酸的平衡。如果油脂含有大量的必需脂肪酸，皮膚會很好吸收，亞麻薺格外適合塗抹在皮膚，也是極為營養的食用油，保存期限長達 2 年，這在 Omega-3 油脂之中難得一見。

19 山茶花油或茶籽油

（俗名：Camellia oil 或 tea seed oil，學名：*Camellia sasanqua, C. sinensis, C. oleifera*）

（INCI 名稱——Camellia sasanqua Seed Oil）

從冬天開花的山茶花籽或茶籽壓榨而成，品種不勝枚舉，可以壓榨出各種相似但相異的油品，適合做料理和護膚。山茶花油又稱為**黃金椿油**（tsubaki oil），在日本大受歡迎，數千年來日本人拿它做料理、護膚和護髮，據說就是因為這樣，日本女性的皮膚才會這麼好，指甲才這麼漂亮！

山茶花油富含單元不飽和油酸（80%），調理皮膚和頭髮的效果都不錯。山茶花油不會堵塞毛孔，也不油膩，因為有單寧的成分。山茶花油屬於收斂性的植物油，比其他富含油酸的油品，更適合處理油性或問題肌膚。山茶花油的性質偏向乾冷，可防止傷疤增生，亦可修復傷疤。山茶花油會保濕和活膚，加上含有防護性的植物多酚，維生素 A、B、C、E 以及其他抗氧化物，所以會防止紫外線、環境以及自由基的危害。山茶花油也好吸收，這種植物性的角鯊烯成分，可以滋養和維持皮膚健康。以前只有日本人在用，現在已經在西方國家大流行。

芥花油

（俗名：Canola oil，學名：*Brassica napus / campestris*）

（INCI 名稱——Brassica campestris）

（INCI 肥皂皂化物名稱——Sodium Canolate）

英文的「Canola」，其實是「加拿大低酸油」（Canada Oil Low Acid）或低芥酸菜籽油（Low-Erucic Acid Rapeseed）的縮寫，取這個名字本身，就是一大賣點。芥花油是蕓薹屬，「低酸」意味著刻意栽培的新品種，把芥酸的含量降低，因為當時誤以為芥酸會傷害心肌，不適合人類食用。芥花油至今仍有爭議性，研究報告各持不同意見。

芥花油富含油酸，也含有兩大必需脂肪酸，包括亞麻油酸和 α-次亞麻油酸。芥花油是密集耕作的作物，大多有灑農藥和基因改造，加上過度精煉，已破壞本來的營養，但還好市面上買得到有機芥花油，主要是為了製作食品。

芥花油價格低廉，適合製作肥皂，但盡量購買有機芥花油，避開農業的污染物和基因改造物質。芥花油的飽和脂肪酸太低，皂化的速度太慢，大家不妨把用量降低，混合其他飽和油脂一起使用，這樣就不影響皂化速度了。另外，還可以善用芥花油的蛋白質和保濕效果。

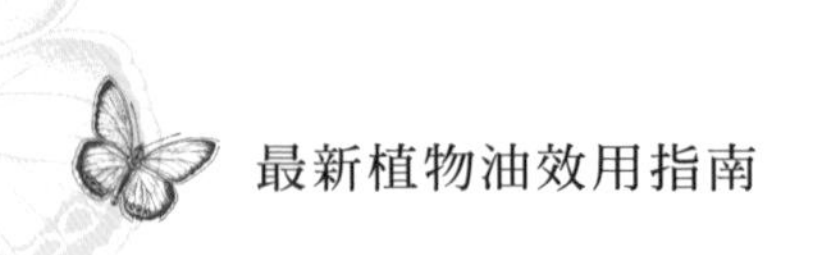

胡蘿蔔籽油

（俗名：Carrot seed oil，學名：*Daucus carota*）

（INCI 名稱——Daucus carota (Carrot) Seed Oil）

從胡蘿蔔籽冷壓榨取而成，千萬不要跟胡蘿蔔籽精油搞混了，雖然都是取自胡蘿蔔籽，卻是兩種不同的產品。胡蘿蔔籽含有足夠的脂肪酸，可以冷壓出植物油，但也含有足夠的芳香化合物，可以製成精油販售。這兩種產品都可以滋養皮膚，修復皮膚組織。

胡蘿蔔籽油呈現深綠色，散發青草香氣，苦味很重。胡蘿蔔籽油特別富含β-胡蘿蔔素，亦即維生素 A 的前驅物，也可以防範紫外線的傷害。此外，胡蘿蔔籽油含有維生素 E 和天然礦物質，所以營養豐富。胡蘿蔔籽油適合乾燥龜裂的肌膚使用，有助於平衡皮膚組織的水分。胡蘿蔔籽油富含植物固醇、豆甾醇、β-谷甾醇和β-胡蘿蔔素，具有防護和療癒的效果。胡蘿蔔籽油也是頭髮調理用油。

胡蘿蔔根浸泡油

（俗名：Carrot root oil 或 helio carrot，學名：*Daucus carota*）

（INCI 名稱 1——（基底油名稱）and Daucus carota (Carrot) Root Oil）

（INCI名稱 2——Glycine Soja (Soybean) Oil (and) Daucus carota sativa (Carrot) Root Extract (and) Tocopherol）

含有胡蘿蔔根的冷壓成分，有可能是把胡蘿蔔根直接浸泡在基底油，也可能採取超臨界二氧化碳萃取法，只不過後者會萃取全株植物的成分，包括蠟質、營養素和精油，然後再混合其他植物油，畢竟胡蘿蔔根並不含脂肪酸，只好借助其他基底油。如蘆薈油，胡蘿蔔根有益健康的營養素，可以導入基底油中，舉凡荷荷芭油、大豆油、芥花油，都是胡蘿蔔根浸泡油常用的基底油。

胡蘿蔔根浸泡油富含類胡蘿蔔素和原維生素 A，所以呈現深黃橙色。目前為止，科學界發現胡蘿蔔有 600 多種類胡蘿蔔素和抗氧化物，可以被身體輕易吸收。胡蘿蔔根浸泡油當然也有這些成分，包括 β-胡蘿蔔素、茄紅素、α-胡蘿蔔素、葉黃素、角黃素、玉米黃素，全部都是強大的抗氧化物。

胡蘿蔔根浸泡油會吸收紫外線，所以能預防曬傷，同時也會提供皮膚細胞營養，防範陽光對肌膚的危害。胡蘿蔔根浸泡油含有的類胡蘿蔔素，具有抗氧化活性，屬於植物性的防禦物質，可以保護細胞和組織。胡蘿蔔根浸泡油的抗氧化效果，會維護細胞膜的結構和功能，阻絕紫外線以及環境中的污染物，以免肌膚退化和提早老化。類胡蘿蔔素經過研究證實，也可以抑制特定癌細胞的增生。

蓖麻油

（俗名：Castor oil，學名：*Ricinus communis*）

（INCI 名稱——Ricinus communis (Castor) Seed Oil）

（INCI 肥皂皂化物名稱——Sodium Castorate or Sodium Ricinoleate）

又稱為「耶穌之手」（Palma Christi），象徵強大的療效，至今已使用 4,000 多年。愛德加・凱西（Edgar Cayce）經常在催眠療癒使用蓖麻油，成功治癒無數人。古埃及埃伯斯紙草卷（Ebers Papyrus）也提到了蓖麻油的用途和益處。古代和現代的希臘人、印度人、波斯人、中國人和非洲人，都會塗抹蓖麻油來治療身體。除了橄欖油之外，蓖麻油就是歷史最悠久的油脂了，累計有上千年歷史，在許多療癒流派都占有一席之地。蓖麻油不宜內服，恐引發腸胃不適，醫學上當成瀉劑使用。

蓖麻油以 18 個碳原子的脂肪酸為主，雖然質地濃稠，卻容易被皮膚吸收。這種特殊的蓖麻油酸，含量高達 90%，具有特殊的脂肪酸結構。蓖麻油酸從甲基端算過來，第 12 個與第 6 個碳原子連接羥基（-OH），導致蓖麻油酸比其他脂肪酸更極性，更親水。

蓖麻油酸正因為如此，容易滲透到皮膚底層，就算只塗在皮膚上，也可以把營養素導入體內。蓖麻油被皮膚吸收後，療效會擴散到身體和器官。同理可證，蓖麻油也會把不良的化學物質導入體內，所以在塗抹蓖麻油的時候，盡量使用天然的。

以蓖麻油油敷肝臟和腹部等身體部位，就是一種常見的另類療法，可以治便祕、肝鬱血和發炎等病症。蓖麻油會提振免疫系統，在皮膚塗厚厚一層，然後覆蓋一塊布，保持溫熱，靜置 30～40 分鐘，每天做一次，連續做個幾天、數週或數月，可以治療慢性病。一旦身體排出肝臟等組織所累積的毒素，血液和淋巴會活化，體液也會順暢流動。蓖麻油透過刺激免疫系統，讓身體恢復正常，回歸健康狀態。蓖麻油也有助於減少傷疤，可以治療切割傷、傷口和其他皮膚創傷。蓖麻油舒緩而潤滑，可以作為保濕劑，為肌膚補充水分。

說到製作肥皂，蓖麻油酸的分子組成太特別了！蓖麻油酸的羥基，分布在特殊的位置。蓖麻油的皂化價不足，大概是缺了一些氫氧離子。如果肥皂配方放太多蓖麻油，肥皂會過軟，呈現透明果凍狀，因此蓖麻油的用量最好不超過 15%，這樣的肥皂可以搓出細緻的泡沫喔！蓖麻油跟氫氧化鉀製成的洗髮皂，起泡度相當好，可以搓出大泡泡。

瓊崖海棠油

（俗名：Caolophyllum inophyllum，學名：*Caolophyllum inophyllum*）

（INCI 名稱——Caolophyllum inophyllum）

英文也經常稱為 Tamanu 和 Foraha，這是從太平洋盆地常綠大樹的堅果壓榨而成。瓊崖海棠油還有英文俗名，例如沙灘胡桐（beach calophyllum）、紅厚殼（Alexandrian laurel）、砲彈樹（ball-tree）、美葉樹（beautyleaf）、胡桐（borneo-mahogany）、油樹（oil tree）、印度月桂（indian-laurel）和印度油樹（Indian doomba），可見瓊崖海棠遍布各地。我們從原住民對瓊崖海棠的命名，也可以看出其普遍性，大溪地稱之為 Tamanu，夏威夷稱之為 Kamanu 或 Kamani，薩摩亞稱之為 fetau，馬達加斯加稱之為 faraha，太平洋地區亦稱為 Dilo oil，但市面上都是用 Tamanu 和 Foraha 這兩個名稱。大溪地人把瓊崖海棠油視為聖油，整棵樹自古以來就是療癒聖品。

芳療專書大多會收錄瓊崖海棠油，因為對皮膚的功效太棒了，但瓊崖海棠油其實是固定油，而非揮發性的精油。瓊崖海棠油被譽為「綠色黃金」，質地極為濃稠，呈現深綠色，香氣辛辣卻「療癒人心」。這屬於藤黃科（Clusiaceae），同一科的植物還有山竹和聖約翰草。

瓊崖海棠油含有一般常見的三酸甘油酯和植物成分，但也有特殊的成分。除了普遍的油酸、亞麻油酸、棕櫚酸和硬脂酸，還有難得一見的海棠果脂肪酸（Calophyllic fatty acid）、醣脂（Glycolipids）和磷脂。另一種新發現的植物成分，稱為海棠果內酯（Calophyllolide），這是瓊崖海棠和瓊崖海棠油所獨有的成分，具有強大的抗發炎和療癒效果。瓊崖海棠油特殊的成分，讓皮膚的角質層、真皮層和皮下組織都容易吸收，經研究證實可促使皮膚再生，修復神經，減少傷疤。瓊崖海棠油亦可治療坐骨神經痛、風濕病和帶狀皰疹，也可治療濕疹、乾癬、皮膚粗糙、燒燙傷、皮膚乾裂、裂紋和感染。自古以來，瓊崖海棠油還能治療痲瘋病，就連身體的開放性傷口和裂口，也曾用瓊崖海棠油修復。瓊崖海棠油可以抗發炎、抗病菌和止痛，而且沒有毒性，也不會引發過敏。

瓊崖海棠油是極濃稠的油脂，正如同其他許多熱帶地區的油脂，在室溫下呈現半飽和狀態。塗在濕潤的皮膚上，觸感絲滑，毫不油膩。如果你發現你買的瓊崖海棠油太稀了，療癒效果恐怕會大打折扣，或者有經過精煉。瓊崖海棠油散發濃烈的堅果味，但是並不刺鼻。雖然價格高昂，但絕對值得購買，可以添加於藥草膏和潤膚霜中。瓊崖海棠油的療癒效果佳，適合製作藥草皂，起泡度極佳。

櫻桃核仁油

（俗名：Cherry kernel oil，學名：*Prunus avium*）

（INCI 名稱——Prunus Avium (Cherry kernel) Oil）

由櫻桃核仁壓榨而成。櫻桃核仁油屬於薔薇科，內含特殊的脂肪酸，稱為油硬脂酸（12%），這在其他薔薇科的油品極為少見。油硬脂酸含量較多的油脂，有苦瓜籽油（60%）和桐油（82%）。油硬脂酸屬於共軛脂肪酸，有助於身體分泌前列腺素，加上櫻桃核仁油含有兩種必需脂肪酸，所以可以維持身體健康平衡。櫻桃核仁油經過動物研究證實，也可以延緩腫瘤生長。

櫻桃核仁油塗在皮膚上，比薔薇科其他油脂厚重，這是因為共軛脂肪酸的緣故，可是在保養肌膚和頭髮上，共軛脂肪酸會形成保護屏障，以免身體吸收紫外線。櫻桃核仁油的質地穩定，富含維生素 A 和維生素 E，包括 α、δ、γ 形式的生育酚和生育三烯酚，其中極為活性和抗氧化的生育三烯酚，在櫻桃核仁油的所有油脂中又是含量最高的。櫻桃核仁油的 Omega-6 和 Omega-9 脂肪酸的比例平衡，對皮膚的保濕和防護效果佳。櫻桃核仁油內含的植物固醇和磷脂，也可以潤膚和滋養皮膚細胞。櫻桃核仁油以及薔薇科的其他油品，對於皮膚健康都極有幫助，適合製作美妝品和藥妝品。

奇亞籽油

（俗名：Chia seed oil，學名：*Salvia hispanica*）

（INCI 名稱——Salvia hispanica (Chia) Seed oil）

屬於唇形科，原生於墨西哥中部。數世紀以來，墨西哥和中美洲的原住民一直在使用奇亞籽和奇亞籽油，營養豐富，可以維持身體健康。阿茲提克文明每次打仗前，都仰賴奇亞籽的營養來補充體力，提升心智敏銳度。

奇亞籽含有特別豐富 Omega-3 必需脂肪酸，含量高達 60%，另外還有 Omega-6 脂肪酸（21%）、胺基酸、維生素以及鋅等礦物質，無論是奇亞籽或奇亞籽油都很有營養。奇亞籽油含有天然的抗氧化物，所以性質穩定，不易氧化，反觀亞麻籽油就容易氧化。奇亞籽油富含必需脂肪酸，性質穩定，成為熱帶地區的首選油品。奇亞籽油的抗發炎和抗氧化效果，適合治療頑固的肌膚問題，防止傷疤生成。奇亞籽油高含量的鋅，有助於皮膚組織再生，可以治療痘痘肌，以免肌膚受損產生痘疤。

可可脂

（俗名：Cocoa butter，學名：*Theobroma cacao*）

（INCI 名稱——Theobroma cacao (Cocoa) Seed Butter）

（INCI 肥皂皂化物名稱——Sodium Cocoa Butterate）

是固態的脂，萃取自可可果和可可豆。可可脂是在製作可可和巧克力產品時，刻意分離出來的脂質，潤膚效果好，會在皮膚形成薄薄一層的脂質屏障，防止水分散失。古代的孕婦會使用可可脂，防止或改善妊娠紋。可可脂也經常添加於孕婦和產婦的護膚霜和藥草膏。

可可脂富含飽和長鏈脂肪酸，包括硬脂酸和棕櫚酸，如果在溫帶氣候區，室溫下質地極為堅硬。可可脂不容易被皮膚吸收，所以鎖水效果好，會在皮膚形成防止水分散失的護膚屏障。可可脂極度飽和的鎖水效果，通常要跟其他飽和與不飽和油脂搭配使用，例如椰子油、乳木果脂，可以製成絕佳的護膚膏和潤膚膏。

可可脂是絕佳的製皂用油，可以提升肥皂的硬度，還可以滋養療癒肌膚，只不過飽和脂肪酸的占比太高了，以致肥皂質地硬脆，容易裂開。

28 椰子油

（俗名：Coconut oil，學名：*Cocos nucifera*）

（INCI 名稱——Cocos Nucifera (Coconut) Oil）

（INCI 肥皂皂化物名稱——Sodium Cocoate）

初榨椰子油（INCI 名稱——Cocos Nucifera (Coconut) Milk Oil）

分餾椰子油（INCI 名稱——Caprylic/Capric Triglyceride）

椰子油性質特殊，無論是食品製造、料理、保健、護膚、美妝、製皂都少不了它。椰子油富含一種中鏈飽和脂肪酸，稱為月桂酸，含量高達 50%。月桂酸會轉換成單月桂酸甘油酯，這種化合物會摧毀病毒，殺死有害的細菌和病原體，所以對身體很好。中鏈脂肪酸也比長鏈脂肪酸更容易消化，更容易被身體吸收。椰子油是飽和脂肪酸，可以承受高溫，近年來是相當熱門的食用油。

椰子油和可可脂相得益彰，可以加強防曬效果，畢竟兩者都是熱帶地區的油脂，都含有大量的飽和脂肪。早在五十年前，陽光還沒那麼惡名昭彰之前，大家對曬太陽還沒有恐懼和焦慮，當時追求小麥膚色的人，總愛塗抹椰子油進行陽光浴。椰子油是熱帶植物壓榨而成，本來就有防範陽光的成分，卻不妨礙皮膚中層合成維生素 D。此外，椰子油可以防止妊娠紋，就算孕婦肚子持續變大，也不會留下痕跡。熱帶地區還會用椰子油來護髮、護膚和做料理。椰子油屬於飽和油，可以潤膚保濕，在皮膚表面形成保護膜。

以椰子油製作肥皂，好處多，用途廣，成皂優良。椰子油在攝氏 25 度就會呈現液態，即華氏 76 度，而有「椰子 76」之稱。椰子油從椰子乾萃取，價格不貴。一般肥皂廠商除了動物性油脂之外，椰子油的用量為 20%，可以提升肥皂的起泡度和保濕度。月桂酸的成分帶來大量的泡沫，就算以海水清洗也會大量起泡。不過，最完美的肥皂配方，只會使用 50%飽和油脂，否則洗在皮膚上會太乾澀。椰子油最好要搭配不飽和油脂，這樣製作出來的肥皂品質才會好！

初榨椰子油是從椰奶和新鮮椰肉壓榨而成，而非從椰乾壓榨。不過，初榨椰子油並不像初榨橄欖油，有一些公定的認證標準，所以品質參差不齊。優質的椰子油處理技術源自日本，以離心力和重力萃取，完全不會用到化學溶劑。乳白色的初榨椰子油，散發出椰子純粹的香氣，皮膚容易吸收，一接觸皮膚就融化了。初榨椰子油的價格，當然比「椰子 76」更昂貴，可以拿來製作肥皂，只不過初榨椰子油碰到鹼液，細緻的椰子香氣就不見了，這樣很可惜，但若要製作潤膚霜或潤膚膏，初榨椰子油很值得一試。

分餾椰子油源自「椰子 76」，在高壓下經過氫化作用，以致脂肪酸跟甘油分離開來。癸酸和辛酸等短鏈飽和脂肪酸，在室溫下仍是液態，從椰子油分離出來後，再跟甘油重新結合，形成永遠不會凝固的透明液態油，可以延長保存期限。分餾椰子油適合當按摩油和潤膚霜。按摩治療師特別愛用分餾椰子油，因為「滑溜度」超棒，也不會在毛巾或布料留下油漬。

咖啡油

（俗名：Coffee oil，分成生豆或烘焙，學名：*Coffea arabica*）

（INCI 名稱——Coffea arabica (Coffee) Seed oil）

是從熱帶地區栽培的咖啡豆壓榨而成，包括生豆或烘焙過的咖啡豆，舉凡南美洲、亞洲、非洲以及夏威夷都是咖啡產地。咖啡豆烘焙的時候會經過轉化，改變咖啡豆的化學和香氣特質，成為大家不可或缺的飲料。無論是生咖啡豆，還是烘焙過的咖啡豆，都可以壓榨油脂，對於皮膚的功效和作用差不多。烘焙過的咖啡油，如果沒有經過脫臭，會散發青草般的咖啡氣息。

生咖啡豆壓榨的咖啡油，內含特殊比例的亞麻油酸和棕櫚酸，大約各占 40%。多元不飽和脂肪酸以及飽和脂肪酸的比例平衡，讓咖啡油快速滲透到皮膚組織，同時在皮膚表面具有保濕和防護效果。此外，少量的油酸和 α-次亞麻油酸，也可以滋潤皮膚。咖啡油也富含抗發炎的植物固醇，包括 β-谷甾醇、豆甾醇、菜籽甾醇，可以維持皮膚層的健康，亦可促進組織再生和修復組織。咖啡油還能治療濕疹和乾癬，滋潤乾裂的皮膚，超適合熟齡肌使用。

玉米油

（俗名：Corn oil, Maize oil，學名：*Zea mays*）

（INCI 名稱——Zea Mays (Corn) Oil）

（INCI 肥皂皂化物名稱——Sodium cornate）

從玉米籽胚芽壓榨而成；玉米是美洲原住民的主食，玉米油在超市隨處可見，以 Mazola 這個牌子為大宗。不過，玉米油比較少拿來護膚，主要拿來做料理居多。玉米是高度基改的作物，有機玉米可能要從歐洲進口。未精煉的玉米油呈現亮黃色，散發玉米的香氣。

玉米油製作的肥皂，成本較低廉，就連有機玉米油也很便宜。玉米油富含亞麻油酸（50%）和油酸（30%），但如果希望香皂硬度夠，長久保存，最好要混合一些飽和油。

31 蔓越莓籽油

（俗名：Cranberry seed oil，學名：*Vaccinium macrocarpon*）

（INCI 名稱——Vaccinium macrocarpon (Cranberry) Seed Oil）

所含的 Omega-3、Omega-6 和 Omega-9 脂肪酸的比例幾乎相等，超適合調理皮膚。除了脂肪酸平衡的比例，蔓越莓籽油也呈現深黃色，可見內含維生素 A 的前驅物，亦即類胡蘿蔔素，具有抗氧化的效果，可以保護那些多元不飽和脂肪酸。蔓越莓籽油跟藍莓籽油都是杜鵑花科，含有類似的植物營養素和抗氧化物，對皮膚和身體保健大有幫助。

蔓越莓籽油營養豐富，包括多酚、胡蘿蔔素、槲皮素、花青素、原花青素，特別能夠抗氧化和防範自由基的危害。蔓越莓籽油含有大量的多元不飽和脂肪酸和必需脂肪酸，還好也有足夠的植物營養素，來維持油品的穩定性，加上有單寧的成分，塗抹在皮膚上質地清爽，也有抗菌效果。β-谷甾醇的成分，會舒緩皮膚發炎的發紅發癢，還會修復皮膚，促進組織再生。

維生素 E 的成分，包括生育酚和生育三烯酚都可以防範自由基的危害。植物固醇和磷脂的成分，可以保持皮膚的彈性，維持膠原蛋白和肌膚組織。維生素 A 對皮膚有益，可以防範自由基的危害，保持彈性蛋白和膠原蛋白的生成，同時改善肌膚狀況，舒緩斑點和痘痘。蔓越莓籽油不妨添加到精華液中，或者作為治療用途，質地清爽，一下子就被皮膚吸收了。

小黃瓜籽油

（俗名：Cucumber seed oil，學名：*Cucumis sativus*）

（INCI 名稱——Cucumis Sativus (Cucumber) Oil）

以乾燥的小黃瓜籽壓榨而成，散發新鮮的香氣，呈現淺黃色。小黃瓜籽油的植物固醇含量特別高，這種成分會加強皮膚的屏障功能，有助於保持肌膚的水分和彈性。小黃瓜籽油也富含 Omega-6 亞麻油酸（65%），適用於各種皮膚症狀，包括濕疹和皮膚炎。小黃瓜籽油可以為肌膚補充亞麻油酸，有助於重建受損的屏障功能。小黃瓜籽油亦可深層滋養肌膚，促進皮膚細胞再生。

小黃瓜籽油含有維生素 E，包括生育酚和生育三烯酚，可以主動防範自由基的危害，活化受陽光和天氣傷害的肌膚。維生素 C 和抗氧化物的成分，可以刺激血液流動，經常使用的話，會舒緩浮腫和緊繃的部位。小黃瓜籽油塗在眼周，就等於拿小黃瓜片冷敷眼睛，可以幫眼睛消腫。小黃瓜籽油的抗發炎植物固醇，會鎮定曬傷和斑點，並且滋養皮膚組織。小黃瓜籽油富含二氧化矽，可以強韌肌膚，尤其是強韌頭髮，維持結構和健康。小黃瓜籽油很穩定，極度保濕，容易被皮膚吸收。

白蘿蔔籽油

（俗名：Daikon radish seed oil，學名：*Raphanus sativus*）

（INCI 名稱——Raphanus Sativus (Radish) Seed Oil）

是新上市的油品，也是十字花科芸薹屬，類似綠花椰菜籽油，芥酸（C22:1）含量高達 34%，鱈油酸（C20:1）含量為 10%，兩者都是極長鏈不飽和脂肪酸，可以取代個人護髮產品和美妝品的矽膠，容易被皮膚吸收，性質相當穩定。說到白蘿蔔籽油的脂肪酸結構，其實類似荷荷芭油的蠟酯，只可惜 α-次亞麻油酸含量為 12%，並沒有荷荷芭油或其他十字花科油脂穩定，保存期限大致是半年至一年。白蘿蔔籽油經研究證實，可以強化皮膚的屏障功能，效果長達數小時。白蘿蔔籽油塗抹肌膚幾分鐘，肌膚會瞬間柔嫩，保濕效果好，皮膚好吸收。

月見草油

（俗名：Evening primrose oil，學名：*Oenothera biennis*）

（INCI 名稱——Oenothera biennis (Evening Primrose) Oil）

簡稱為 EPO，是最早發現內含必需脂肪酸的植物油，尤其是月見草油的 γ-次亞麻油酸（GLA）的含量，足以治療疾病，改善營養不良。月見草油的 GLA 含量為 10%，只不過後來發現黑醋栗籽油（15%）和琉璃苣油（25%）的 GLA 含量更高。GLA 可以消炎，支持免疫系統，維持荷爾蒙平衡，也有助於維持健康的皮膚、指甲和頭髮。研究已經證實，GLA 可望治療濕疹和乾癬。月見草油的多酚成分沒食子酸，也會加速曬傷和傷口復原，兒茶素也會抗病菌。月見草油含有單寧，具有收斂效果，塗在皮膚上質地清爽。

如果身體難以轉化α-次亞麻油酸，直接從月見草油補充 GLA，不失為一條簡便的路徑，完全不用經過轉化，就可以從這種必需營養素受惠。月見草油塗在皮膚上，具有滋養和調理的效果，身體組織會快速吸收，進而改善皮膚各層的健康。GLA 屬於 Omega-6 多元不飽和脂肪酸，再加上亞麻油酸的成分，對於皮膚特別好，因為皮膚吸收快，能夠把這些防護性的營養成分帶到深層。

亞麻籽油

（俗名：Flax seed oil，學名：*Linum usitatissimum*）

（INCI 名稱——Linum usitatissimum (Flax) Seed Oil）

是歷史最悠久的油料作物之一，用途廣泛。亞麻拉丁學名的第二個字 usitatissimum，就是「最有用」的意思，可見亞麻對於人類演化和文明功不可沒，廣泛應用於料理、製油、營養補充、地板材料、纖維、顏料、墨汁和布料，稱之為「實用」作物，一點也不為過呀！亞麻有堅韌的纖維，可製成亞麻布料，亞麻的脂質也有各式各樣的用途。如果是工業非食品用途的話，通常稱為亞麻仁油（Linseed oil），這個英文字就是源自拉丁文的 Linum。

亞麻仁油，其實是精煉過的亞麻籽油，容易起化學作用，隨時準備要吸引氧原子，加入其超多元不飽和脂肪酸的行列。亞麻仁油可以製成顏料和其他工業產品，包括地板材料，由於高度不飽和的特性，一旦氧原子跟不飽和碳原子結合，就會開始乾燥，質地變得粘膩，甚至凝固。然而，如果食用油發生這種情形，就叫做變質，再也不得使用，但如果是工業用途就很符合期待，大獲好評。

未精煉的亞麻籽油可當成營養補充品，裝在深色的容器，放在冰箱保存，以免脂肪酸氧化。亞麻籽油富含高度不飽和 α-次亞麻油酸（LNA），帶有三個雙鍵，容易跟氧原子起化學作用。只要保存得宜，趁變質前食用完畢，對健康有益。高度不飽和脂肪酸有助於身體能量的轉換和提振健康。未精煉的食品級亞麻籽油，是 Omega-3 必需脂肪酸 LNA 的主要植物來源，含量高達 65%，超越世上所有的植物。

36

智利榛果油

（俗名：Gevuina, Chilean Hazelnut，學名：*Gevuina avellana*）

（INCI 名稱——Gevuina Avellana (Hazelnut) Oil）

源自於智利和阿根廷的美木，會結出類似澳洲胡桃的堅果。雖然稱為智利榛果，但其實跟澳洲胡桃同一科，都是**山龍眼科**（Proteaceae），有類似的脂肪酸成分。這兩種油都富含單元不飽和的油酸和棕櫚油酸，另有含量 15%以下的多元不飽和脂肪酸。智利榛果油的棕櫚油酸含量為 20～27%，跟澳洲胡桃油不相上下，這種重要的脂肪酸，剛好是皮脂的成分，世上僅少數油品有此成分，智利榛果油正是其中一款，除此之外還有酪梨油、澳洲胡桃油、沙棘油。

智利榛果油富含多酚抗氧化物，可以對抗極端的天氣條件和紫外線輻射。智利榛果油富含維生素 E 生育酚和生育三烯酚，可以滲透到皮膚組織，以免皮膚各層氧化。熟齡肌特別需要棕櫚油酸，這占了人體皮脂的 20%，具有防護和修復的作用，會支持皮膚的免疫系統，幫助皮膚對抗感染和修復傷口。智利榛果油性質穩定，如果保存得宜，大約可以放 18 個月。

葡萄籽油

（俗名：Grape-seed oil，學名：*Vitis vinifera*）

（INCI 名稱——Vitis vinifera (Grape) Seed Oil）

（INCI 肥皂皂化物名稱：Sodium Grapeseedate）

葡萄籽油是等到食品業或酒莊榨完葡萄汁之後，再來壓榨葡萄籽的油脂，呈現淡綠色至無色，香氣的差異很大，端視精煉的程度而定。有機葡萄籽油的顏色通常比較深，散發幽微的香氣，如果不是有機的，大多有精煉過，質地會更清爽，無色無味。葡萄的品種很多，夏多內（Chardonnay）、麗絲玲（Riesling）、卡本內蘇維濃（Cabernet Sauvignon）、梅洛（Merlot）等品種壓榨的葡萄籽油，適合做料理，也適合護膚。

葡萄籽油富含維生素 E，如果沒有過度精煉，會呈現淡綠色，內含天然的葉綠素和抗氧化物。葡萄籽油富含維生素、礦物質和黃烷醇（原花青素），有助於強化膠原蛋白和彈性蛋白，這兩種蛋白構成了皮膚和關節的結締組織。葡萄籽油的 Omega-6 亞麻油酸含量特別高（76%），所以質地清爽，容易滲透到深層皮膚。葡萄籽油具有調理機能，經常作為按摩油和身體油，同時也有收斂效果，可緊緻和調理肌膚。葡萄籽油直接塗在皮膚上，容易被皮膚吸收，適合當成卸妝油使用，或添加到護膚產品中。

葡萄籽油富含多酚成分，不容易燃燒，冒煙點高，適合高溫烹調，不太有油煙，大可安心使用，但因為亞麻油酸含量高，仍要小心酸敗，不妨考慮其他更穩定的食用油。然而，葡萄籽油的 Omega-6 和 Omega-3 脂肪酸的比例平衡，適時添加在飲食中，可以為人體補充必需脂肪酸。

棒果油

（俗名：Hazelnut oil，學名：*Corylus avellana*）

（INCI 名稱——Corylus avellana (Hazelnut) Oil）

源自榛果樹，土耳其是最大的產地，其次是美國華盛頓州和奧勒岡州，主要作為食用油，但因為其收斂的特性與角鯊烯的成分，也適合塗抹在皮膚上。

榛果油富含油酸（75%）以及少量的亞麻油酸（11%），能夠帶著蛋白質、維生素（包括維生素 E）、礦物質、β-谷甾醇和抗氧化物，滲透到肌膚的深層。榛果油的單寧成分，可以促進肌膚循環，加上有收斂效果，有助於調理油性肌或痘痘肌。單寧會修復毛細血管，讓血管看起來沒那麼明顯。榛果油的不飽和脂肪酸含量，在植物油裡面是最高的，適合保濕和潤膚。榛果油做成潤膚膏和美妝品，容易被皮膚吸收，有益皮膚健康。

榛果樹含有紫杉醇（Taxol）的成分，這種強大的抗癌藥物，最早是在太平洋紫杉（Pacific Yew）發現的。紫杉醇一直用來治療各種癌症，尤其是乳癌、卵巢癌和肺癌，目前還在研究其對於乾癬、各種硬化症、阿茲海默症和腎臟病的療效。榛果樹的莖葉和榛果都含有紫杉醇，幫助榛果樹對抗東部榛子枯萎病（Eastern Filbert Blight），榛果樹的紫杉醇含量越高，經證實越能夠預防東部榛子枯萎病。

大麻籽油

（俗名：Hemp seed oil，學名：*Cannabis indica*）

（INCI 名稱——Cannabis sativa (Hemp) Seed Oil）

大麻籽油和大麻產品因為有很多益處，開始大受歡迎。大麻和亞麻是兩種最古老的作物，應用範圍和用途都極為廣泛，兩者都是紙張和布料的纖維來源，亞麻會製成亞麻布，大麻可以做畫布和繩索。這兩種植物壓榨的種子油，也在飲食和保健占有一席之地。大麻這種植物很強壯，生長快速，耐寒，富含優質的纖維素，可以製作出耐用的紙張。大麻纖維製成的紙張，用了好幾年也不會壞。美國獨立宣言的第一版和第二版手稿，就是寫在大麻紙上。

大麻籽油富含不飽和脂肪酸，容易起化學反應，一下子就變質了。說到大麻籽油的脂肪酸成分，Omega-6 亞麻油酸（55%）和 Omega-3 α-次亞麻油酸（20%）的比例，差不多是 3:1，比例格外平衡。大麻籽油也含有特殊難得一見的多元不飽和脂肪酸，稱為 γ-次亞麻油酸（GLA，4%）和硬脂四烯酸（Stearidonic acid，SDA，2%，C18:4）。GLA 可以抗發炎和激勵免疫系統，SDA 可治療異位性皮膚炎和難纏的皮膚病症。大麻籽油含有各式各樣的脂肪酸，被譽為「大自然最平衡的完美油脂」，直接塗在皮膚上，可以舒緩和療癒乾燥肌膚和輕微曬傷，補充水分，修復細胞受損。

依利普脂

（俗名：Illipe butter，學名：*Shorea stenoptera*）

（INCI 名稱——Shorea stenoptera (Illipe) Seed Butter）

（INCI 肥皂皂化物名稱：Sodium Illipe Butterate）

萃取自熱帶地區婆羅洲的娑婆樹種子。依利普脂自古以來就用於醫藥、飲食和護膚，因此娑婆樹在當地是重要植物。娑婆樹的種子含有 50%固態脂，呈現淡黃色，一旦萃取之後，很快就轉為綠色，如果有經過精煉，就會變成白色的固態脂，可以跟可可脂交替使用，因為三酸甘油酯的成分類似。依利普脂具有舒緩潤膚的效果，使用起來不乾澀，可以加強皮膚的屏障功能，為肌膚保水。

荷荷芭脂

（俗名：Jojoba Butter，學名：*Simmondsia chinensis*）

（INCI 名稱——Simmondsia Chinensis (Jojoba) Butter）

跟荷荷芭油有類似的特徵。蠟酯可製成類似奶油的濃厚物質，經過不同程度的氫化，甚至會變成固態蠟。荷荷芭脂的用途廣，若添加於天然的美妝品中，仍可保留荷荷芭油的效用和特質。

荷荷芭油

（俗名：Jojoba oil，學名：*Simmondsia chinensis*）

（INCI 名稱——Simmondsia chinensis (Jojoba) Seed Oil）

嚴格來說並不是油脂，而是液態的蠟酯。荷荷芭油僅含有少量的三酸甘油酯（這是構成油脂的關鍵元素）。荷荷芭油的成分有酯和長鏈脂肪酸，它的長碳鏈帶有 1 個雙鍵和 1 個脂肪醇，看似液體油，但其實是蠟，如果天氣夠冷，荷荷芭油會凝固。

一九七〇年代荷荷芭油上市，是為了取代抹香鯨油，有一些人富有遠見，呼籲「拯救鯨魚」，以陸地生長的環保物質來取代鯨油。荷荷芭油一舉成為熱門農作物，不僅跟抹香鯨油有類似的化學成分，功效甚至還比抹香鯨油好。

荷荷芭油的堅果可以食用，原生於墨西哥的西南部和北部，當地原住民用堅果的萃取物治療皮膚病症、痠痛、割傷、擦傷、曬傷，還有用來護髮。荷荷芭油生長於半沙漠地帶，這種乾燥炎熱的氣候，沒多少植物受得了，可是荷荷芭油這種液態蠟，竟能夠封住植物的氣孔（亦即毛孔），在白天高溫的時候，防止水分蒸散，在夜間低溫的時候，達到絕緣的效果。荷荷芭油源自旱生植物，當然有優異的防止水分散失能力，這可是延緩肌膚老化的關鍵。

荷荷芭油是絕佳護膚油，可以潤膚，促進組織再生，重建和調理肌膚。荷荷芭油會形成薄薄一層保護膜，一方面留住水分，另一方面讓皮膚得以呼吸。荷荷芭油內含的蠟酯，剛好是皮脂也有的成分，所以跟我們的皮膚相容。荷荷芭油有互溶的特性（能夠跟其他物質融合，不會分離），一下子就溶於皮膚的油脂。荷荷芭油在皮膚形成的薄膜，絲毫不油膩，還可以吸收水分，同時調節皮脂腺所分泌的皮脂。荷荷芭油不會致粉刺，不堵塞毛孔，還可以保護和治療痘痘肌。荷荷芭油可以維持皮膚的酸性包膜，阻擋有害的細菌，避免皮膚失衡。荷荷芭油屬於液態蠟，就算在惡劣的環境中，也不易氧化和變質。

卡蘭賈油

（俗名：Karanja，學名：*Pongamia glabra, P. pinnata*）

（INCI 名稱——Pongamia Glabra (Karanja) Seed Oil）

從印度水黃皮樹的種子壓榨而成，據說跟苦楝油有親緣關係，兩者都有抗菌效果，但其實分屬不同的植物科別。卡蘭賈油內含幾種特殊的脂肪酸，有益皮膚健康，包括極長鏈脂肪酸俞樹酸（C22:0，5%）、鱈油酸（C20:1，10%）、掬焦油酸（C24:0，2%），所以性質穩定，能夠保護和調理肌膚。

卡蘭賈油不像苦楝油有濃烈的氣味和作用，卻可以治療類似的病症，算是比較溫和的殺蟲劑和抗菌劑，可治療各種皮膚病症，例如濕疹、乾癬、皮膚潰瘍、頭皮屑、促進傷口癒合。這也是民俗草藥植物，全株包括葉子、種子和樹皮，在印度北部有長達數百年的使用歷史，可以治療寄生蟲和解毒，是當地知名的草藥。

卡蘭賈油可以製作肥皂，也可以護髮，治療寵物的皮膚病，亦可製作藥用的潔膚乳。

奇異果籽油

（俗名：Kiwi fruit seed oil，學名：*Actinidia chinesis*）

（INCI 名稱——Actinidia chinesis (Kiwi) Seed Oil）

是紐西蘭島國的原生植物。奇異果籽油主要成分為 Omega-3 脂肪酸，可以產生抗發炎的代謝物，對皮膚有舒緩效果。奇異果籽油所含的必需脂肪酸特別高，包括 α-次亞麻油酸（60%）和亞麻油酸（20%），這對皮膚和身體都是極度營養的成分。奇異果籽油的 Omega-3 和 Omega-6 是完美比例 3:1，適合治療和平衡發炎的症狀。

奇異果籽油絲毫不油膩，十分好吸收，容易滲透到皮膚底層，黏性低，質地清爽宜人。奇異果籽油的磷脂成分，塗抹在濕潤的皮膚上，會形成清透的白色薄膜。奇異果籽油營養豐富，維生素 C 含量在植物油中數一數二。天然的維生素 C，有益皮膚組織健康，卻沒有氧化或過敏的危險。奇異果籽油的營養成分多，包括脂肪酸、維生素 C 和 E、鉀、鎂，有助於修復陽光對肌膚的傷害，同時滋養皮膚，促進組織再生。

夏威夷石栗油

（俗名：Kukui nut oil，學名：*Aleurites moluccana*）

（INCI 名稱——Aleurites moluccana (Kukui Nut) Seed Oil）

（INCI 肥皂皂化物名稱——Sodium Kukuiate）

不可以食用，跟蓖麻油一樣是大戟科的植物，兩者皆非食用油，如果不小心吃了，可能會導致腸胃不適。夏威夷石栗油是美國夏威夷州的州樹，當年玻里尼西亞的拓荒者到夏威夷屯墾，順便把這種植物帶過去。夏威夷人又把夏威夷石栗油稱為燭豆油，因為古代人會用夏威夷石栗油點燈照明，用石燈燃燒夏威夷石栗油，懸掛起來，照亮四周。夏威夷石栗油自古以來也是護膚油，尤其是保護新生兒的肌膚，以免受到陽光、鹽分和天氣的傷害。

夏威夷石栗油富含必需脂肪酸，包括α-次亞麻油酸（30%）和亞麻油酸（40%），這比例類似皮膚分泌的皮脂。除了這些必需脂肪酸，夏威夷石栗油也含有油酸（30%），容易被皮膚角質層吸收。夏威夷石栗油會強化細胞內的凝聚力，維持皮膚結構完整。夏威夷石栗油包含了飽和脂肪酸（16%）以及不飽和脂肪酸，塗在皮膚上會形成半滲透的薄膜，有滋養和防護的效果，並防止提早老化。夏威夷石栗油含有維生素 A、C、E，具有抗發炎效果，可幫助皮膚循環，緩解濕疹、乾癬和酒糟鼻的問題。夏威夷石栗油也適合治療難纏的皮膚病和傷口，以免傷疤增生。如果用在新生兒和孩童身上，會保護並滋潤其柔嫩的肌膚。

澳洲胡桃油

（俗名：Macadamia nut oil，學名：*Macadamia ternifolia*）
（INCI 名稱——Macadamia ternifolia (Macadamia Nut) Seed Oil）
（INCI 肥皂皂化物名稱——Sodium Macadamiate）

原生於澳洲，又稱為昆士蘭堅果油。澳洲胡桃樹其實是一八八二年從夏威夷引進的，反倒在澳洲成了主要珍貴作物。澳洲胡桃油可烹調可護膚，澳洲胡桃沾著巧克力一起吃，也是一道美味的點心，深受澳洲人喜愛！

澳洲胡桃油的潤膚效果佳，單元不飽和脂肪酸的含量高（60%）。更重要的是，這是少數富含棕櫚油酸的植物油（20%），棕櫚油酸是皮膚的主要構成脂質。棕櫚油酸在魚油比較常見，澳洲胡桃油如此豐沛的含量，在植物油難得一見！棕櫚油酸是抗菌劑，如果皮膚剛好有傷口或磨損，可以避免細胞分解。澳洲胡桃油也是抗氧化劑，防止細胞受到紫外線危害而氧化。人還年輕的時候，皮膚會分泌棕櫚油酸，但年紀越大分泌越少，在中老年補充澳洲胡桃油，不失為保護肌膚的好方法。

澳洲胡桃油含有各種脂肪酸，可以維持細胞膜健康，滋養皮膚，建立脂質屏障，為肌膚保留水分，促進皮膚層再生。澳洲胡桃油的角鯊烯成分，可以為角質層補充角鯊烯，促進皮膚細胞再生，以免皮膚乾裂或受到天氣傷害。對於熟齡肌來說，澳洲胡桃油會補充水分和溫柔護膚，也適合護唇。未精煉的澳洲胡桃油，散發濃厚的堅果味，如果要添加到護膚產品中，恐怕要多留意一下。

芒果脂

（俗名：Mango butter，學名：*Mangifera indica*）
（INCI 名稱——Mangifera indica (Mango Butter) Seed Oil）
（INCI 肥皂皂化物名稱——Sodium Mango Butterate）

源自於印度原生樹木。芒果脂從芒果碩大的果核壓榨而成（「脂」的意思是飽和脂肪在室溫下，會呈現固態）。芒果脂含有大量營養的不皂化物（高達 5%），可以活膚和促進傷口癒合，阻擋紫外線的傷害。芒果脂內含咖啡酸，所以有強大的抗氧化和抗真菌效果。芒果脂也含有芒果苷（Mangiferin），這是芒果獨有的多酚，具有抗氧化、抗真菌和抗發炎的效果。芒果脂有單寧的成分，塗抹皮膚上有一點乾澀，屬於收斂劑，質地清爽。

除了飽和與不飽和脂肪酸，芒果脂也是少數富含天然穩定維生素 C 的植物油，能夠保濕、修復和活化肌膚層。用芒果脂製作的潤膚膏，如果搭配不飽和的油脂和蜂蠟一起做，質地柔軟，妙不可言。芒果脂也是肥皂或美妝品的材料，可維持皮膚健康和滋養皮膚。

馬魯拉果油

（俗名：Marula oil，學名：*Sclerocarya birrea*）

（INCI 名稱——Sclerocarya birrea (Marula) oil）

也是源自非洲的植物，如今在西方成為護膚聖品，有「奇蹟油」之稱。馬魯拉果油是非洲的植物寶藏，無論是在西非或南非，都占有一席之地。馬魯拉果油跟芒果脂同一個植物科別，可以做料理，當成肉類的防腐劑，還可以護膚，塗抹在新生兒身上。

馬魯拉果油富含油酸（70%），少量的亞麻油酸（6%），飽和的棕櫚酸（10%），可以改善皮膚深層的保水力。馬魯拉果油也含有少量的極長鏈脂肪酸，稱為芥酸，質地滿有分量的。馬魯拉果油可以潤膚和舒緩肌膚，對皮膚來說好吸收，拿來按摩或調理身體，觸感絲滑。馬魯拉果油富含抗氧化物，包括多酚、維生素 C 和維生素 E，抗氧化效果出奇地好，可以延長產品的保存期限。

馬魯拉果油含有類黃酮、原矢車菊素（Procyanidin）、原花青素、兒茶素，對皮膚也有抗氧化效果，可以促進傷口癒合和抗發炎。植物固醇的成分，有助於改善皮膚的保水能力，維護角質層的屏障功能。馬魯拉果油引人注目的磷脂成分，對於細胞壁格外滋養，還會促進均勻乳化，讓皮膚更容易吸收。

白芒花籽油

（俗名：Meadowfoam seed oil，學名：*Limnanthes alba*）

（INCI 名稱——Limnanthes alba oil）

在一九七〇年代發展成農作物，以取代抹香鯨油，回顧這段歷史，不禁聯想到美國西南部的荷荷芭油。白芒花是美國西北部的原生野花，從名字不難想當它盛開時，一片白茫茫，猶如浮上海面上的白色泡泡。

白芒花籽油很特別，絕大部分的脂肪酸（97%）動輒是 20 個碳原子的長鏈脂肪酸，在植物油難得一見。白芒花籽油的脂肪酸成分，帶給它絕佳穩定性，加上富含維生素 E，添加到任何產品中，都可以延長保存期限。白芒花籽油在室溫下是液態的，分子重量大，厚重卻不油膩。白芒花籽油會緊緊吸附皮膚，給予皮膚妥善的保護。白芒花籽油的成分特別護膚和活膚。白芒花籽油也有防曬效果，近年來添加於防曬產品中。白芒花籽油可以為肌膚和頭髮保濕，加上保存期限長，一直是護膚和護髮產品的首選成分。

50 乳薊籽油

（俗名：Milk thistle seed oil，學名：*Silybum marianum*）

（INCI 名稱——Silybum marianum (Milk Thistle) Seed Oil）

從護肝草藥的種子壓榨而成。乳薊籽油是萃取護肝藥水飛薊素（Silymarin）過程中的副產品。水飛薊素含有保肝活性的物質，可治療肝衰竭和肝中毒。水飛薊素的類黃酮成分，會保護受損細胞，促進細胞再生，還可以解毒，讓肝臟恢復健全運作。水飛薊素成功治癒了肝硬化、蕈菇類中毒和肝炎。水飛薊素在癌症病患化療的過程中，會預防藥物對肝臟造成的副作用，一邊治療肝臟，一邊強健身體。水飛薊素是類黃酮的複合物，屬於抗氧化劑，也可以維持細胞膜穩定。乳薊籽油仍保有水飛薊素的成分，但是究竟保留了多少，端視萃取和精煉的製程而定。

乳薊籽油也含有多元不飽和脂肪酸，主要是亞麻油酸，含量高達 65%。乳薊籽油也含有豐富的療效成分，其中植物固醇就有 β-谷甾醇、豆甾醇、葉子脂醇，除此之外還有磷脂和角鯊烯的成分。乳薊籽和乳薊籽油都富含維生素 E 和抗氧化物，可以滋養和修復受損的皮膚和身體，為細胞補充水分，促進深層的修復和再生。

辣木油

（俗名：Moringa oil，學名：*Moringa oleifera*）

（INCI 名稱——Moringa Oleifera Seed Oil）

辣木油是在埃及人的墳墓發現。古埃及人會用辣木的葉子、堅果和油，來烹調食物和護膚，辣木油在埃及的文化也占有一席之地。辣木在非洲稱為 nebeday，意思是「永生不死的樹」，可見辣木的長壽。辣木營養豐富好處多，在非洲也有「奇蹟樹」的美譽。

辣木油在市面上稱為山萮油（Ben oil 或 Behen oil），因為有大量的俞樹酸（10%），這種極長鏈飽和脂肪酸（C22:0）會防止辣木油變質，最長可保存五年之久。辣木油在香水工業的用途，主要是用在脂吸法，有些花朵比較嬌嫩，只好透過脂吸法，把香氛轉移到油脂上。俞樹酸這種極長鏈的脂肪酸，正好有萃取香氛物質的功能，把花朵稍縱即逝的香氣導入香水之中。

辣木油富含單元不飽和的油酸（70%），可以潤膚和保濕，療癒粗糙乾燥的皮膚。在所有含油酸的油脂中，辣木油因為含有俞樹酸，質地較清爽，對於美妝品工業格外有吸引力。辣木油也富含抗氧化物，所以穩定性高，可以保護皮膚和頭髮，以免受到氧化或環境的危害。

苦楝油

（俗名：Neem oil，學名：*Azadirachta indica*）

（INCI 名稱——Azadirachta indica (Neem) Seed Oil）

（INCI 肥皂皂化物名稱——Sodium Neemate）

源自印度的原生植物，堪稱最古老的藥用植物，已經有超過四千年的歷史。苦楝目前栽種於半熱帶地區，當地的村莊和城鎮，把苦楝當成「藥物」使用。苦楝全株都有用處，枝葉可以泡茶，種子可以榨油做料理。苦楝油抗病菌、抗病毒、抗真菌、防腐、抗寄生蟲，氣味濃烈，在室溫下呈現半固態。

苦楝油可以塗抹皮膚，但必須先用其他油稀釋，以免引發過敏。有些廠商會在販售前先稀釋，因此購買苦楝油前，務必確認稀釋比例，最好介於 2～50%之間，端視用途而定。一般來說，如果要塗抹皮膚，稀釋的比例越高越好。苦楝油的效果太強了，有很多症狀只需要幾滴就夠了，直接添加到洗髮精、肥皂或其他植物油使用。苦楝油內服的話，必須在合格醫師監督下進行，這是強效藥物，一旦使用方式錯誤，可能會引發健康問題。

說到苦楝油外用用途，不妨添加到肥皂和藥草膏，可以治療香港腳和真菌感染，也可以驅蟲。苦楝油含有維生素 E 和必需脂肪酸，具有保濕效果，可以促進皮膚再生。苦楝油是最有活性的固定油，一直是備受尊崇的藥物。

黑種草籽油

（俗名：Nigella/Black seed oil，學名：*Nigella sativa*）

（INCI 名稱——Nigella sativa Seed Oil）

屬於毛茛科（Ranunculaceae），自古以來就是地中海和阿拉伯文化的主食。微小的黑種草籽，有很多常見名稱，例如黑小茴香、黑葛縷子、洋蔥籽、芫荽籽，但其實跟茴香、葛縷子、洋蔥、芫荽一點關係也沒有。黑種草籽氣味濃，甚至有一點嗆辣。下次喝新鮮的柳橙汁，不妨添加一小匙黑種草籽油，不僅美味，還可以補充必需脂肪酸。

過去數千年來，黑種草籽被當成食物、植物油和藥物，就連圖坦卡門的墳墓都找得到黑種草籽，可見歷史有多麼悠久，對埃及文化有多麼重要。畢竟，只有對來世有幫助的物品和食物，才有資格放進法老王的墳墓呀！關於黑種草籽最早的記載，其實是舊約聖經的《以賽亞書》，先知特別讚頌黑種草籽，拿它跟小麥種子比較。

穆罕默德也曾說過，黑種草籽「除了死亡之外，可以治百病」。現代有關黑種草籽和黑種草籽油的分析，也支持他狂熱的論點。黑種草籽油含有 100 多種營養素，包括必需脂肪酸的亞麻油酸（58%）和 α-次亞麻油酸（0.2%），以及鋅、鈣、葉酸、鐵、銅、磷、維生素 B_1、B_2、B_6、胡蘿蔔素、蛋白質、碳水化合物、纖維和

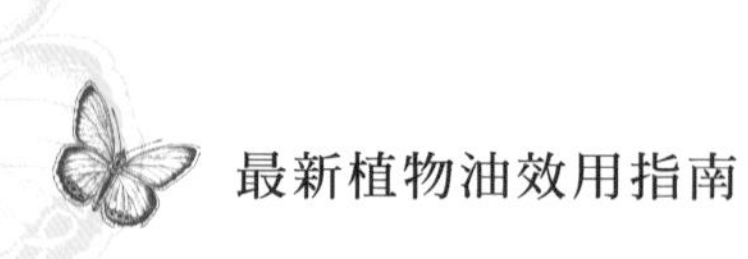

一些多元不飽和脂肪酸。

黑種草籽油塗抹在皮膚上，可以治療乾癬、濕疹、關節痠痛和皮膚乾燥。黑種草籽油內服可以治療頭痛、鼻塞、腸內寄生蟲、肝臟和消化問題。黑種草籽油也會提振免疫系統，所以聲名遠播。

燕麥油

（俗名：Oat seed oil，學名：*Avena sativa*）

（INCI 名稱——Avena sativa (Oat) Seed Oil）

由一般常見的燕麥壓榨而成，算是滋補的油品，極度潤膚和濃郁，可以舒緩和調理肌膚。依照西方藥草學，燕麥屬於神經滋補劑，能夠舒緩和鎮定焦躁的神經和症狀。膠體燕麥粉（Colloidal oat）經過美國食品藥物管理局（FDA）證實，可以治療乾癢肌膚，早已成為過敏發癢肌膚的常用療法。燕麥油也有類似的效果，會鎮定修復受損、敏感和脆弱的肌膚。

燕麥油的油酸和亞麻油酸的比例平衡，大約各占 40%，對於皮膚的角質層格外有益。棕櫚酸是碳鏈較短的脂肪酸，可以舒緩和保護外層皮膚。燕麥油也富含維生素 E 複合物、抗氧化物和類胡蘿蔔素，所以呈現深黃色，極度潤膚。燕麥含有 20 多種獨特的多酚成分，可以抗發炎、抗增生和止癢。值得注意的是，鄰氨基苯甲酸醯胺（Avenanthramide）這種強大的抗氧化物，可以防禦真菌入侵。燕麥油的 β-葡聚醣（beta-glucan）成分，富含多醣、可溶性纖維與磷脂，有助於乳化，因此燕麥油適合添加在潤膚霜等複合產品中。燕麥油是比較近期的美妝品原料，因為特殊的性質和應用，逐漸風行起來。

橄欖油

（俗名：Olive oil，學名：*Olea europaea*）

（INCI 名稱——Olea europaea (Olive) Fruit Oil）

（INCI 肥皂皂化物名稱——Sodium Olivate）

屬於木樨科，也是很古老的食物和油料作物，這一科植物還有紫丁香、茉莉和白蠟樹。很久以前，橄欖樹在中東的價值高昂，橄欖油甚至等同於貨幣，希臘文的「油」，其實就是「橄欖」的意思。「贈與橄欖枝」也有和平的意涵。白鴿叼給諾亞方舟的物品，正好是橄欖枝。依照希臘神話，智慧女神雅典娜射出標槍，標槍落地，一棵橄欖樹就長了出來，為了紀念雅典娜帶來珍貴的橄欖油和食物，希臘大城便以她的名字命名。橄欖樹很長壽，據說以色列的品種，可以活一千多年。

聖經不斷傳頌恩膏油的故事，在很多聖經故事中，橄欖油可以祝福民眾和淨化物品，恩膏油會塗在動物、聖殿、聖餅、石頭和善男信女的頭頂，甚至國王的頭頂上。橄欖油在人類史上有重要地位，怪不得最常見的油酸，也是以橄欖命名，在橄欖油的含量高達70%。

橄欖油性質穩定，有一定的耐熱性，能夠承受陽光照射。說到護膚效果，橄欖油的油酸成分，讓皮膚保持呼吸暢通，皮脂正常分泌。植物固醇的成分，具有保濕效果，把水分吸引到皮膚來，修復受到陽光傷害的組織，同時為乾燥的肌膚補水，並加以舒緩。

橄欖油是植物性角鯊烯的主要來源。角鯊烯是皮膚細胞分泌最多的脂質，本來就是皮脂的一部分，可以潤滑肌膚，防止水分散失，功能類似天然的潤膚劑和保護劑。除了橄欖油之外，玄米油也含有角鯊烯，角鯊烯可以把氧氣帶給皮膚細胞，順便把廢物帶走，分子結構類似維生素 A，高度不飽和，極為有益皮膚健康。角鯊烯是植物固醇的前驅物，最早是在鯊魚肝發現的，至於植物性的角鯊烯，可以從橄欖等植物萃取。

橄欖油適合製作肥皂，不僅有益皮膚健康，成本也比較低廉，隨處都買得到。數世紀以來，卡斯提亞皂（castile soap）百分之百使用橄欖油。以橄欖油製作的冷製皂，雖然滋潤保濕，只可惜容易軟爛，起泡度也不好。橄欖油屬於不飽和油，皂化速度慢，但只要跟飽和油搭配使用，可兼顧硬度和肌膚調理的功效。

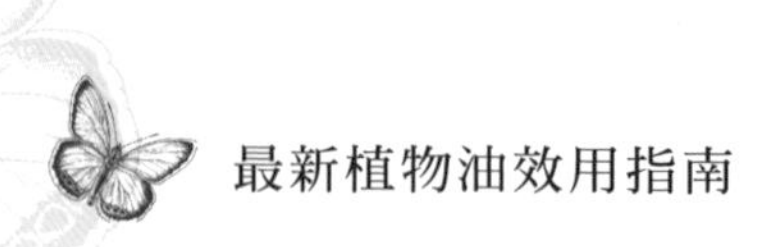

橄欖果渣油

（俗名：Pomace oil，學名：*Olea europaea*）

（INCI 名稱——Olea europaea (Olive) Seed Oil）

（INCI 肥皂皂化物名稱——Sodium Olivate）

由橄欖核壓榨而成。先從果肉壓榨初榨橄欖油，再從剩下的果核和果渣壓榨果渣油，因此橄欖果渣油是比較次級的食用油，好處是價格不貴，適合拿來做肥皂。橄欖果渣油富含不皂化物，皂液黏性高，很快就起化學反應，立刻加速皂化。

棕櫚油

（俗名：Palm oil，學名：*Elaeis guineensis*）

（INCI 名稱——Elaeis guineensis (Palm) Oil）

（INCI 肥皂皂化物名稱——Sodium Palmate）

從非洲油棕樹的果肉壓榨而成，棕櫚酸和棕櫚油酸皆以此命名，屬於棕櫚科，同一科的還有椰子、巴巴蘇樹和巴西莓。棕櫚油的果肉呈現深紅橙色，如果壓榨中果皮，也就是果核周圍的果肉，會得到紅橙色的固態油脂。棕櫚油呈現深紅橙色，是因為含有天然 β-胡蘿蔔素。非洲人會用來煮菜和護膚，至於在西方國家，中東市場以及地方合作社，也會用紅色的棕櫚油煮菜。這富含維生素 A 的前驅物，亦即類胡蘿蔔素，把食物都變成了金黃色。至於淡黃色的棕櫚油，是因為經過精煉，廠商會拿來製作肥皂和美妝品。

棕櫚油的不皂化物成分，就在於類胡蘿蔔素，展現在它紅通通的色澤上。類胡蘿蔔素是維生素 A 的前驅物，而維生素 A 會促進組織再生。未精煉的紅色棕櫚油，富含 β-胡蘿蔔素等成分，但若是精煉過的棕櫚油，含量就比較少了。棕櫚油主要是飽和脂肪酸，可以強化、支持和保護皮膚表層。

自從二〇〇一年我開始做研究，棕櫚油就跟熱帶國家的棲地破壞問題脫不了關係。大家購買棕櫚油之前，最好選擇永續的栽培來源，否則世界各國為了棕櫚油，不惜破壞棲地和整個生態環境。野生環境需要每一個人的保護，這樣，我們才不會失去大自然的恩賜。

如果只用棕櫚油打皂，肥皂會易脆，皮膚洗完會乾澀，但如果搭配椰子油和不飽和油，棕櫚油就可以發揮長才，為肥皂增添硬度，讓肥皂保存更久。棕櫚油的水溶性成分，比其他油脂更少，加上偏向飽和，所以皂化速度快，打出來的肥皂質地堅硬，放久了也不會壞。

棕櫚核仁油

（俗名：Palm Kernel oil，學名：*Elaeis guineensis*）

（INCI 名稱——Elaeis guineensis (Palm kernel) Oil

（INCI 肥皂皂化物名稱——Sodium Palm Kernelate）

也是從非洲油棕樹壓榨的，只差在用核仁壓榨，而非果泥或果肉。棕櫚核仁油是淺色至白色的膏狀，有別於果肉壓榨的紅色棕櫚油。棕櫚核仁油放在室溫下，質地非常堅硬，因為飽和脂肪酸的含量比棕櫚油更高，另含有大量月桂酸，差不多占了 50%，兼具飽和度和低分子重量，這剛好是皂體硬度的兩大關鍵，所以棕櫚核仁油打出來的肥皂，硬度特別高。月桂酸的分子重量輕，在椰子油和棕櫚核仁油表露無遺，不管在任何水中，起泡力都好極了！

木瓜籽油

（俗名：Papaya seed oil，學名：*Carica papaya*）

（INCI 名稱——Carica papaya (Papaya) Seed Oil）

從熱帶水果木瓜的種子壓榨而成。我在這本書特別提到木瓜籽油，是因為我住在夏威夷的可愛親戚，後院裡有一棵高瘦的大樹，幾年前竟然結了木瓜的果實，於是她把木瓜籽寄給我，問我能不能在工作坊做些什麼，這顯然是非法行為，違反了農業進出口規範。她不想看到這些種子浪費掉，於是到處大方送，當時市面上還沒有木瓜籽油，就算我有想到這個可能性，我家也沒有榨油的機器。現在是二十一世紀了，有越來越多萃取脂肪酸的來源，把萃取出來的油品運往全球販售。過了很多年，還真的有木瓜籽油了，我那位親戚還真有先見之明啊！

木瓜有時候稱為番木瓜，屬於熱帶草本植物，一旦遭受霜害就必死無疑。木瓜樹還小的時候，大家還採得到果實，但每年越長越高，果實就不在大家採得到的高度了，但如果木瓜樹長得太高，終究會被暴風雨或強風吹倒。木瓜和木瓜籽油富含酵素，稱為木瓜酶，可清除皮膚的碎屑和壞死細胞，適合製作去角質的面膜和護膚用品。木瓜籽油還能消除或淡化黑斑，對熟齡肌極為有益。木瓜籽油富含油酸（70%）和棕櫚酸（16%），性質穩定。木瓜籽油當成按摩油，可以活膚，加上有抗菌效果，會加速傷口癒合和皮膚修復。木瓜籽油也含有礦物質、維生素 A 和 C、胺基酸，對於皮膚組織有滋養和強化的效果。木瓜籽油的抗發炎成分，亦可舒緩痠痛和肌肉痙攣。

60 百香果籽油

（俗名：Passion fruit seed oil, maracuja oil, passion flower oil，學名：*Passiflora incarnata*）

（INCI 名稱——Passiflora incarnata (Passion fruit) Seed Oil）

百香果開著美麗的花朵，藤蔓最長可達 150 呎。百香果的藤蔓原生於亞馬遜盆地，後來遍布於南北美洲的熱帶至溫帶地區。黃色品種的百香果，果肉是粉紅色的，香甜多汁，只是籽很多。百香果在夏威夷稱為莉莉子（Lilikoi），可以打果汁和做果醬，富含維生素 C。百香果籽油也含有維生素 C，可以維持皮膚的膠原蛋白增生。百香果籽油在皮膚按摩，既舒服又舒緩，會放鬆組織和鎮定身體。百香果籽油適合全身上下使用，先放鬆身體組織，再滲透到皮膚的底層。

百香果的植株和花朵，在草藥學有鎮定神經、釋放壓力、改善睡眠的效果。百香果籽油內含鈣和磷等礦物質，可以維持神經系統健康，舒緩並且鎮定神經。百香果籽油有抗發炎、鎮痙攣和鎮靜的功效，適合當成按摩油、嬰兒用油和護膚油使用。百香果籽油富含亞麻油酸（77%），質地清爽好吸收。百香果籽油亦可改善老化和乾裂肌膚，以及其他難治的皮膚病症。

水蜜桃核仁油

（俗名：Peach kernel oil，學名：*Prunus persica*）

（INCI 名稱——Prunus persica (Peach) Kernel Oil

（INCI 肥皂皂化物名稱——Sodium Peach Kernelate）

原生於中國的果樹，從水蜜桃的核仁壓榨而來。水蜜桃核仁油如同薔薇科的油品（杏桃核仁油、甜杏仁油、李子核仁油、櫻桃核仁油），也有潤膚、保濕、護膚和滋養的效果。水蜜桃核仁含有硼（boron）這種微量營養素，可以維持骨骼關節健康。此外，維生素 E、A 和 B 的成分，也會改善皮膚。至於水蜜桃核仁油的脂肪酸成分，以油酸（60%）和亞麻油酸（30%）為主，會保護和滋養皮膚。水蜜桃核仁油質地極為清爽，滲透性佳，觸感絲滑柔順。水蜜桃核仁油也適合抗老，有益乾燥敏感的肌膚使用。敏感肌大致可以使用水蜜桃核仁油，但仍有一些人的體質太敏感，例如對花生之類的堅果油過敏，恐怕就不宜使用水蜜桃核仁油。

山核桃油

（俗名：Pecan oil，學名：*Algooquian pacaan* 或 *Carya pecan*）

（INCI 名稱——Algooquian pacaan (Pecan) Nut Oil）

主要是作為食用油，也可以製皂和護膚，含有 50%油酸和 40%亞麻油酸，適用於各種護膚用途。山核桃是胡桃科（Juglandaceae），其近親核桃和胡桃都有類似效果。山核桃油質地清爽，無色無味，但保存期限比較短，介於半年至一年。

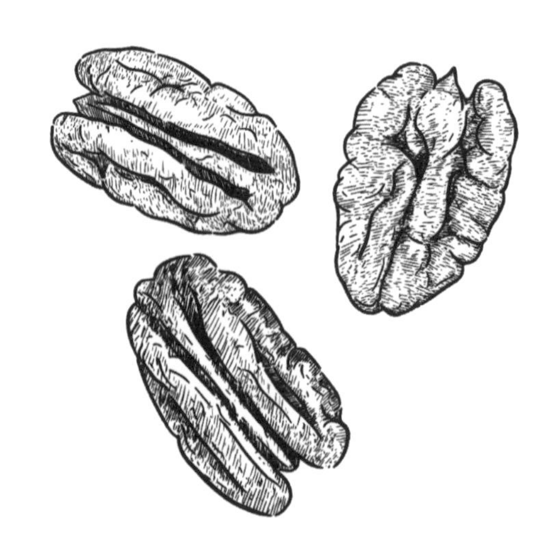

花生油

（俗名：Peanut oil，學名：*Arachis hypogeae*）

（INCI 名稱——Arachis hypogeae (Peanut) Oil）

（INCI 肥皂皂化物名稱——Sodium Peanutate）

適合製作手工皂，因為成本低廉，容易取得。亞洲超市通常都有在販售，也可直接跟廠商訂購。花生油富含維生素 E，容易被皮膚吸收。花生油的脂肪酸成分，除了油酸（50%）和亞麻油酸（35%），還有極長鏈脂肪酸，包括俞樹酸（C22:0，3%）和掬焦油酸（C24:0，1%），這些極長鏈脂肪酸賦予花生油濃稠度，無論是護膚或按摩，觸感都不錯。花生油製作肥皂，雖然泡沫細小，但不易塌陷消泡。

注意：花生油是一些人的過敏原，內服或外用都可能過敏，最好要小心使用，產品標示務必寫清楚。

巴西油桃木果油

（俗名：Pequi oil，學名：*Caryocar braziliensis*）

（INCI 名稱——Caryocar braziliensis (Pequi) Seed Oil）

源自於巴西原生的樹種，巴西油桃木果可以吃，巴西油桃木果油對於當地文化也很重要，可以烹調、護膚和護髮。說到它主要的脂肪酸成分，油酸和棕櫚酸比例平衡，加上有單元不飽和與飽和脂肪酸，護膚效果佳。巴西油桃木果油含有微量對皮膚有益的脂肪酸，包括棕櫚油酸、α-次亞麻油酸、肉豆蔻酸、亞麻油酸，因此極度平衡，適合調理熟齡肌。巴西油桃木果油富含維生素 E 和 A，是營養豐富的保濕劑。巴西油桃木果油也是護髮首選，可以潤澤頭皮，避免頭髮毛躁。巴西油桃木果油也含有抗氧化劑，包括槲皮素和沒食子酸，可以抗發炎、抗真菌、抗病菌，適用於濕疹、乾癬和乾裂肌膚。

紫蘇籽油

（俗名：Perilla seed oil，學名：*Perilla frutescens*）

（INCI 名稱——Perilla frutescens (Perilla) Seed Oil）

從紫蘇萃取而成。紫蘇種植在中國、日本和其他亞洲國家，在當地廣泛使用。紫蘇的顏色有點像牛肉，在日本有牛排草之稱。紫蘇是唇形科，一年生植物，葉子有綠有紅。紅葉的品種可作為食物的天然染劑，拿來醃漬醬菜。日本梅干就是用紫蘇葉和薑片醃漬，帶有紫蘇葉的色素，呈現粉紅色。紫蘇葉有抗菌和防腐的效果，所以會拿來醃漬食物。

紫蘇籽油富含必需脂肪酸，尤其是 Omega-3 脂肪酸 α -次亞麻油酸（LNA，65%），含量大勝亞麻籽油，加上有亞麻油酸（10～20%）相互平衡，屬於快乾油，自古以來，在亞洲會製成顏料、亮光漆、墨汁、漆和地板材料。LNA 含量高，性質不穩定，如果一次買太多，必需放冰箱保存，並儘速用完。

紫蘇籽油的消毒和抗菌效果，主要是來自迷迭香酸，適合治療痘痘肌和皮膚問題。紫蘇籽油的必需脂肪酸含量高，有滋養皮膚的效果，還可以保持水分，維持皮膚角質層的健康。紫蘇籽油吸收快，適合調理肌膚，加上有許多特殊有益的成分，可治療濕疹和乾癬等皮膚病。

開心果油

（俗名：Pistachio nut oil，學名：*Pistacia vera*）

（INCI 名稱——Pistacia vera (Pistachio) Nut Oil）

是中東地區的原生植物，也是當地料理不可或缺的材料。開心果油高度不飽和，富含必需脂肪酸，尤其是亞麻油酸（含量高達35%）和單元不飽和脂肪酸的油酸（50%）。

開心果油絲毫不油膩，皮膚吸收快，有保濕和嫩膚效果，可以避免水分散失。開心果油屬於乾性的修復精華，不會致粉刺，以免油脂累積在肌膚中。開心果本身富含抗氧化物，所以開心果油會抗氧化和抗酸敗，延長產品的保存期限。開心果油也是很棒的護膚油。

李子核仁油

（俗名：Plum kernel oil，學名：*Prunus domestica*）

（INCI 名稱——Prunus domestica (Plum) Seed Oil）

薔薇科的植物油，從李子的果核壓榨而成，散發濃烈的苦杏仁和杏仁膏的味道。李子核仁油如同薔薇科其他植物，例如水蜜桃核仁油、櫻桃核仁油、甜杏仁油和杏桃核仁油，富含油酸的成分，少量的亞麻油酸和棕櫚酸。李子核仁油也富含維生素 E 與少量的微量極長鏈脂肪酸，絕對是必備的護膚用油。

石榴籽油

（俗名：Pomegranate seed oil，學名：*Punica granatum*）

（INCI 名稱——Punica granatum (Pomegrante) Seed oil）

是濃郁細緻的好油，含有特殊的石榴酸（C18:3），含量高達75%。石榴酸以石榴命名，是因為在石榴發現的。石榴原生於伊朗至印度北部，自古以來遍布於整個地中海地區。石榴酸幾乎是石榴所獨有，除了石榴之外，蛇瓜籽和苦瓜籽的石榴酸含量也很高。石榴酸對皮膚來說營養豐富，能夠平衡皮膚表面的酸鹼值和狀態。石榴酸也可以抗發炎、抗病菌、促進細胞再生，有助於提高肌膚的彈性，修復陽光和天氣對肌膚的危害。

石榴酸屬於 Omega-5 脂肪酸，是長鏈高度不飽和脂肪酸，帶有三個共軛雙鍵，難得一見。石榴籽油正是因為共軛雙鍵，塗在皮膚上才會觸感豐潤，對皮膚組織極為有益。

石榴籽油含有各種植物激素、植物固醇、類黃酮和植物多酚。這些抗氧化成分會深入滲透肌膚組織，防範自由基的危害。沒食子酸的成分會促進傷口癒合和舒緩曬傷。鞣花酸的成分會保護並重建膠原蛋白，增加皮膚的厚度。石榴籽油還可以抗發炎，促進組織再生，對熟齡肌格外有益。研究人員探討石榴籽油的抗癌效果，發現大有可為，尤其是抗乳癌細胞。石榴籽油顏色淡，氣味也淡，擦在皮膚上卻極度溫潤。

69 罌粟籽油

（俗名：Poppy seed oil，學名：*Papaver somniferum*）

（INCI 名稱——Papaver somniferum (Poppy) Seed oil）

罌粟籽油是壓榨鴉片罌粟花的種子而成，罌粟莢和罌粟花都含有強大的生物鹼，罌粟的莖也有一些含量，罌粟籽倒是一點並沒有，就算有也只是微量而已。罌粟籽油可以烹調、藥用和工業用，製成顏料、亮光漆和肥皂。罌粟籽油是美味的食用油，以前有很多人在吃，現在以工業用和藥用居多。如果當成顏料的介質，罌粟籽油呈現透明，而非黃色。

罌粟籽油富含亞麻油酸（70%）和油酸（16%），不僅無色，也沒有什麼氣味。大家公認罌粟籽油有良好的保濕效果，可製作各式各樣的美妝產品。罌粟籽油一下子就被皮膚吸收，還會滲透到肌膚深層。罌粟籽油的成分跟大麻籽油類似，可以交替使用，但同樣都要放冰箱冷藏，以免氧化。

70 巴卡斯果油

（俗名：Pracaxi oil，學名：*Pentaclethara macroloba*）

（INCI 名稱——Pentaclethara macroloba (Pracaxi) Seed oil）

南美洲熱帶潮濕地區的原生植物油。巴卡斯果油的英文俗名，源自於葡萄牙文，巴西人稱之為「油樹」。巴卡斯果油從種子和果實壓榨而成，特殊之處是俞樹酸（C22:0）含量最高，高達 10～25%，類似辣木油，只不過俞樹酸的含量比辣木油更高。俞樹酸屬於飽和脂肪酸，如果內服，不易被身體吸收，但塗抹在皮膚上，倒有不錯的防護效果。俞樹酸也是花生油和菜籽油的成分，不僅是極長鏈的脂肪酸，也是飽和脂肪酸，可以提高油品的穩定度。

巴卡斯果油質地厚重，幾乎快呈現蠟質，塗在皮膚上彷彿裹著一層厚厚的油。把少量巴斯卡果油塗在頭髮上，格外適合調理髮質，可防止打結，讓頭髮柔順亮澤。巴卡斯果油在溫帶氣候區，室溫下呈現固態，但是一接觸到皮膚，馬上就會融化。巴卡斯果油含有油酸（55%）和亞麻油酸（20%），既潤膚又護膚。巴卡斯果原生於亞馬遜盆地，可作為驅蟲劑，防止妊娠紋，並提亮膚色，減少傷疤形成。這種植物還可以製成藥物，治療毒蛇咬傷和出血。

南瓜籽油

（俗名：Pumpkin seed oil，學名：*Cucurbita pepo*）

（INCI 名稱——Cucurbita pepo (Pumpkin) Seed Oil）

南瓜籽油歷來是食用油，而非皮膚外用油。南瓜籽油的顏色深，散發濃烈的堅果味，質地濃稠，要不是有一股堅果味，看起來還真像機油！施蒂利亞南瓜（Styrian pumpkin）原生於奧地利東南部的施蒂利亞，這種南瓜籽沒有硬殼，製油特別容易。自古以來，施蒂利亞南瓜籽會先經過烘焙再榨油，但市面上也買得到未烘焙的施蒂利亞南瓜籽油。

南瓜籽油的藥用和食用歷史相當悠久，富含必需脂肪酸，尤其是亞麻油酸（55%）。南瓜籽油富含維生素和礦物質，尤其是鋅、銅、鎂。咖啡酸和生育酚會捕捉自由基，防止氧化和細胞受損。南瓜籽油富含類胡蘿蔔素，亦即維生素 A 的前驅物，有抗發炎的效果，可緩解皮膚發紅和發癢。植物固醇的成分，對皮膚有保濕和防護的效果。南瓜籽油向來以食用和烹調為主，但其實富含多元不飽和脂肪酸，可以滋養肌膚，只可惜顏色太深，氣味太重，不適合添加到護膚產品中。

覆盆莓籽油

（俗名：Red raspberry seed oil，學名：*Rubus idaeus*）

（INCI 名稱——Rubus Idaeus (Raspberry) Seed Oil）

覆盆莓籽油歸類在特種油，是覆盆莓果汁的副產品。覆盆莓籽油分成冷壓法和己烷萃取法，必需脂肪酸的含量高，包括 Omega-3 脂肪酸（25%）和 Omega-6 脂肪酸（52%），但抗氧化的穩定性卻出奇的好！這是因為富含抗氧化物和磷脂的成分，適合調理肌膚。

覆盆莓籽油富含維生素 E 和原維生素 A，有紫外線防護的效果。覆盆莓籽油的植物成分，經研究證實為廣效性防曬，同時抵抗 UVA 和 UVB 對皮膚的危害，若未經稀釋直接塗抹在皮膚上，潛在防曬係數 SPF 介於 28～50 之間，這樣的防曬係數已經跟二氧化鈦不相上下了，在植物油界更是出類拔萃。覆盆莓籽油質地特別清爽，一下子就會滲透到肌膚底層，帶給人乾爽卻很保濕的感受。覆盆莓籽油散發輕微的覆盆莓香氣，彷彿一年四季都置身於夏天。

玄米油

（俗名：Rice bran oil，學名：*Oryza sativa*）

（INCI 名稱——Oryza sativa (Rice) Bran Oil）

（INCI 肥皂皂化物名稱——Sodium Ricate）

從稻米的胚芽和果皮壓榨而成，這兩個部位有 16～20%的出油量。玄米油富含不皂化物，大約占了 4%。植物固醇的成分，包含 γ-穀維素、阿魏酸，合起來就是強大的抗氧化劑了，可以維護人類和動物的細胞膜。玄米油也含有植物性的角鯊烯，這可是皮膚脂質分泌的關鍵成分。角鯊烯也是抗氧化劑，有助於防止老人斑，阻止皮膚氧化。角鯊烯關乎動植物體內的固醇分泌，以及人類皮膚合成維生素 D。

玄米油的阿魏酸成分，除了有抗氧化效果，還會抑制皮膚層生成黑色素。黑色素是皮膚的色素結構，以免細胞曬到過多陽光，像日本偏好淨白的膚色，阿魏酸萃取物就很風行。無論是內含阿魏酸的植物油，或是阿魏酸的萃取物，都可以吸收有害的長波紫外線，干擾自由基和氧化活性，並且阻絕紫外線，這也是玄米油防曬效果佳的原因。

玫瑰果油

（俗名：Rose hip seed oil，學名：*Rosa rubiginosa*）

（INCI 名稱——Rosa Mosqueta (Rosehip) Fruit Oil）

從智利野生的玫瑰果種子壓榨而成，當地人早已使用數百年。玫瑰果油有再生和滋養的效果，很多成分對皮膚很好。玫瑰果油的脂肪酸成分值得一提，α-次亞麻油酸和亞麻油酸的比例近乎相等，皆為 40%左右。玫瑰果油本身很營養，富含維生素 A，可促進彈性蛋白與膠原蛋白增生，延緩老化相關的皮膚組織受損。維生素 E 和維生素 C 的成分，把皮膚老化的進程延後，會滋養皮膚細胞，幫助皮膚抗氧化，同時形成脂質屏障，防護和維持皮膚健康。單寧的成分有收斂的效果，質地清爽，不會致粉刺。玫瑰果油經過臨床試驗，確實會促進細胞再生，治療疤痕組織和斑點。玫瑰果油有絕佳的療癒功效，還會維持膚質的柔嫩。無論是皺紋、紫外線傷害、黑斑、色素不均、皮膚病症，都可以透過玫瑰果油來改善。

玫瑰果油的色澤差異很大，從淺黃色到金橙色都有，其中以有機玫瑰果油色澤最深，但一般玫瑰果油通常只有淡淡的顏色。玫瑰果油顏色深，表示富含營養成分，例如類胡蘿蔔素和天然維生素，舉凡維生素 C、礦物質、茄紅素和其他類胡蘿蔔素，這些都可以維持皮膚健康。玫瑰果油塗在皮膚上，質地絲滑宜人，皮膚吸收快，直達深層組織，還會形成保水屏障。

印加果油

（俗名：Sacha inchi，學名：*Plukenetia volubilis*）

（INCI 名稱——Plukenetia volubilis (Sacha Inchi) Oil）

又稱秘魯山花生、星星果、印加花生，也有人稱為巴卡斯果，但千萬別跟巴卡斯果油搞混，這是兩種截然不同的植物。印加果油屬於大戟科，跟夏威夷石栗油以及蓖麻油才是同一科，可是有別於其他大戟科的植物，印加果和印加果油都很好消化，並不會引發腸胃不適。印加果是大型的爬藤類，原生於秘魯雨林，當地原住民已經有數百年的時間，持續栽種和食用印加果。

印加果油是少數富含亞麻油酸和 α -次亞麻油酸的油脂，也含有少量油酸，有助於改善皮膚問題以及難治的皮膚病症。印加果和印加果油富含 Omega-3 脂肪酸，適合當成營養補充品，此外也富含蛋白質、維生素 A 和 E、色氨酸，可緩解憂鬱症狀和補充營養。印加果油也有大量的植物營養素，保存期限長達 18 個月。印加果油還會舒緩乾癢脫屑和過敏肌膚，從內和從外滋養身體。

紅花油

（俗名：Safflower oil，學名：*Carthamus tinctorius*）

（INCI 名稱——Carthamus tinctorius (Safflower) Seed Oil）

（INCI 肥皂皂化物名稱——Sodium Safflowerate）

源自類似薊花的花朵，屬於菊科，堪稱最古老的作物之一。在埃及人的墳墓，經常可見紅花和紅花籽染成的物品，包括法老王圖坦卡門的墳墓。數千年來，埃及人栽種紅花是為了取得其種子，所以是古老的糧食作物，可作為藥物、染劑、食物和油料，堪稱歷史悠久的多用途植物。

雜交和自然突變，造就出各式各樣的紅花籽。紅花籽原本富含亞麻油酸，混種的紅花籽以油酸居多，形成高油酸的紅花油。目前市面上有兩種紅花油，一種是多元不飽和的亞麻油酸含量多，另一種是單元不飽和的油酸含量多。高亞麻油酸含量的紅花油，可以取代亞麻仁油，製作白色顏料，因為就算乾掉了，顏色也不會變深。如果要烹調和製作美妝品，就會用油酸含量多的紅花油。無論哪一種脂肪酸含量多，紅花油都跟肌膚相容，極度保濕，脂肪酸的成分對肌膚有益。

沙棘油

（俗名：Sea buckthorn oil，學名：*Hippophae rhamnoides*）
（沙棘果油 INCI 名稱——Hippophae Rhamnoides (Sea Buckthorn) Fruit Oil）
（沙棘籽油 INCI 名稱——Hippophae Rhamnoides (Sea Buckthorn) Seed Oil）
（沙棘油 INCI 名稱——Hippophae Rhamnoides (Sea Buckthorn) Oil）

屬於沙棘屬（Hippophae），這個屬名的拉丁文，源自於希臘文「發亮的馬皮」一詞，希臘人會拿沙棘的葉子、果實和樹枝餵馬，讓馬匹能有健康發亮的毛皮。神話裡的飛馬，據說最愛吃沙棘的葉子，更勝過其他食物。沙棘的原生地在歐洲和東方，自古以來會製成食物、藥物和護膚產品。沙棘至今仍是俄羅斯、德國、法國、西班牙、瑞典、丹麥以及波蘭的食物和藥物。此外，蒙古和西藏的民俗療法也會用到沙棘果，被稱為星星果。

沙棘果是沙棘的果肉，儲存大量的營養，富含維生素、礦物質和營養素。沙棘果的出油量極低，大約只有 12～15%，主要是單元不飽和脂肪酸。傳統萃取法是把沙棘果浸泡於基底油中，現在有超臨界 CO_2 萃取法，可以取得高濃度的萃取物，含了脂質、維生素、礦物質和植物蠟，稱為沙棘油全營養，真沒想到在如此迷你的果肉裡，竟潛藏了高濃度的有益成分。至於沙棘籽的脂肪酸成分，跟果肉不太一樣，以 Omega-3 和 Omega-6 必需脂肪酸為主。如果同時萃取沙棘果和沙棘籽，就是極為滋養的植物油，可以為肌膚補充營養。

沙棘油的傳統民俗用途，包括治療消化系統和當成食用油。至於保養皮膚的功效，沙棘油會促進皮膚細胞和黏膜再生，幫助傷口癒合，舒緩疼痛。沙棘油呈現深橙色，富含維生素 A 前驅物的胡蘿蔔素和類胡蘿蔔素，能夠防範紫外線的危害，另有維生素 E 生育酚、維生素 C、類黃酮以及維生素 B_1、B_2 和 K，還有必需脂肪酸和植物固醇，讓沙棘油成為營養豐富的護膚油。

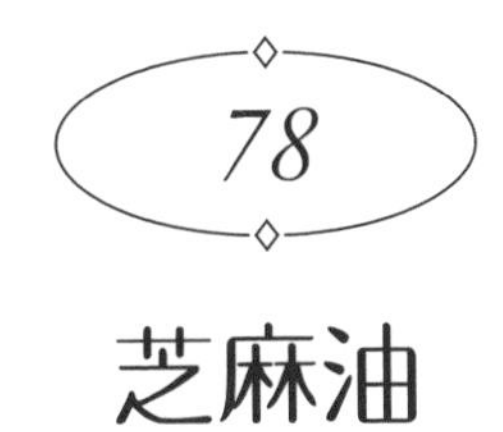

芝麻油

（俗名：Sesame seed oil，學名：*Sesamum indicum*）
（INCI 名稱——Sesamum indicum (Sesame) Oil）
（INCI 肥皂皂化物名稱——Sodium Sesamate）

是人類最古老的種子作物之一，在印度已有五千多年的栽種歷史，兼具料理和藥用的用途。芝麻栽種在極度乾旱的惡劣環境，所以芝麻籽的含油量高。印度阿育吠陀醫學特別愛用芝麻油，埃及的埃伯斯紙草卷也收錄了芝麻油。

芝麻油對於常見的皮膚病原體、真菌、香港腳，都有不錯的抗菌效果。芝麻油天然的抗發炎成分，以及強大的抗氧化效果，可以中和皮膚底層的氧自由基。芝麻油容易被肌膚吸收，可以療癒肌膚最底層的微血管。芝麻油也是細胞生長調節因子，經研究證實會抗癌細胞，也可以天然的防護紫外線。芝麻油的防曬係數 SPF 據說為 15，但仍缺乏足夠的試驗。此外，有人說芝麻油可以消除頭皮和頭髮上的蝨子。

芝麻油所含的植物固醇，包括**芝麻酚**（Sesamol）和**芝麻素**（Sesamin），屬於天然防腐劑，是芝麻所獨有的成分，可以避免亞麻油酸（42%）氧化，因此是植物油的首選。芝麻油有抗發炎和保濕效果，木酚素的成分會調節皮脂分泌，對於痘痘肌大有幫助。生

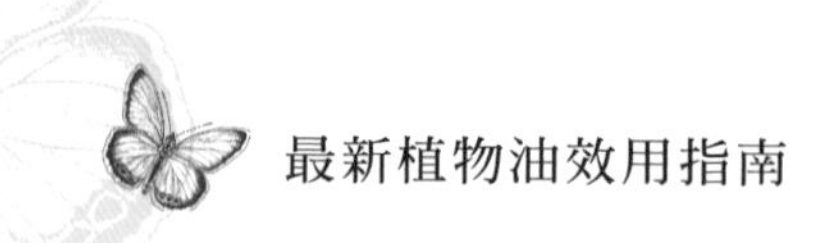

芝麻油的氣味淡，顏色淺，反觀亞洲料理愛用的黑麻油，榨油之前先中火焙炒過，氣味濃，適合做料理，但如果塗在皮膚上就有點厚重。如果要做身體保養的話，最好選擇未精煉的芝麻油，千萬別買焙炒過的。若要低溫烹調和調味的話，這兩種芝麻油都很適合。

芝麻油製作肥皂，對皮膚有益，不妨搭配其他飽和與不飽和油脂一起用。芝麻油浸泡香草過後，添加於肥皂配方中，成皂會多了顏色和藥草的療效。

乳木果脂

（俗名：Shea butter，學名：*Butyrospermum parkii*）

（INCI 名稱——Butyrospermum Parkii (Shea Butter) Fruit）

（INCI 肥皂皂化物名稱——Sodium Shea Butterate）

最近有了新的學名 *Vitellaria paradoxa*，又稱為非洲乳油木果脂，從乳油木的堅果壓榨而成，跟摩洛哥堅果油同屬山欖科，原生於非洲，乳油木在當地用途廣泛，療癒師自古以來，以乳木果脂治療肌肉痠痛和緊繃、關節炎、皮膚問題，鼓手也把乳木果脂塗在手上，避免乾裂，連續打幾小時也沒問題，就連鼓皮也可以塗乳木果脂保養。乳木果脂可以做料理、一般護膚、防曬，早已融入當地人的生活各個層面。

乳木果脂含有高比例（17%）的不皂化物，富含維生素、植物固醇、礦物質之類對皮膚和身體有益的物質。乳木果脂會潤膚，以免皮膚過度乾燥，還會滋養肌膚。乳木果脂富含酚類化合物，稱為桂皮酸，也含有大量維生素 E，稱為生育酚，能夠防範陽光的危害，幫忙肌膚抗氧化。

乳木果脂的成分也會促進皮膚的微血管循環，為皮膚組織增添氧氣，幫忙皮膚除舊布新，清除代謝後的廢物。飽和脂肪酸的成分有防護功能，以免水分散失。油酸和亞麻油酸的成分會保濕，維持

肌膚彈性。乳木果脂塗在皮膚上，特別能夠護膚，以及滋養皮膚。

乳木果脂分成精煉和未精煉，在質地、香氣和活性物質皆有所差異。若是治療用途，最好購買未精煉的，保存期限更長，反之精煉的乳木果脂放久了，可能有濃烈的油耗味，因為那些防腐的不皂化成分都精煉掉了。若要製作肥皂，未精煉的乳木果脂富含不皂化物，絕對是很棒的賦脂劑（superfatting），除了總油量之外，再額外添加乳木果脂，做出來的肥皂會滋潤保濕許多。

乳木果油

（俗名：Shea oil，學名：*Butyrospermum Parkii*）

（INCI 名稱——Butyrospermum Parkii Seed Oil）

源自乳油木及其堅果。乳木果脂經常歸類在硬脂酸（Stearin），乳木果油則歸類在三油酸甘油酯（Olein），但其實來源相同，只不過是分屬萃取過程中不同階段的產物。乳油木的種子先經過冷壓，接著輕精煉，而後加熱萃取，液態油就大功告成了。液態的三油酸甘油酯，會跟固態的硬脂酸分離開來，這就是所謂的乳木果油。

乳木果油富含油酸，乳木果脂以飽和的硬脂酸和棕櫚酸為主。乳木果油是完美豐潤的油，有著液態油的濃厚馥郁，正如同其他植物油，室溫下是液態，很適合拿來按摩，可獨立使用，或者跟其他油脂混合。乳木果油珍貴又豐潤，絕對是治療皮膚問題、曬傷、過敏、乾燥和按摩油的首選，質地又比乳木果脂清爽，調製任何配方都很合適。

東非乳木果脂

（俗名：Shea nilotica，學名：*Vitellaria paradoxa subsp.*）

（INCI 名稱——Vitellaria Nilotica (Shea) Fruit Butter）

對於西方消費者來說，算是全新的油品，但其實也源自乳油木，只不過產地是非洲東部、盧甘達北部、蘇丹南部，稱為尼羅丁卡乳油木（Nilotica shea tree），當地人會採收堅果壓榨成油，比西非的品種更溫和，由於三油酸甘油酯的含量高，所以呈現淡黃色，質地更柔順，更為乳脂狀。東非乳木果脂富含不皂化物、抗氧化物、桂皮酸，可以防範紫外線的危害。東非乳木果脂塗在皮膚上，不僅好吸收，也有防護和滋養的效果，成分跟一般乳木果脂類似。東非乳木果脂的熔點比較低，比較不像蠟，如果氣溫高一點，就會呈現液態，一下子就可以在皮膚塗開。

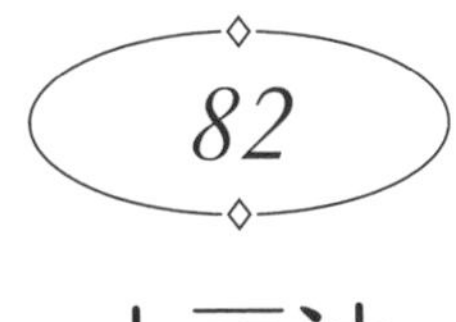

大豆油

（俗名：Soybean oil，學名：*Soja hispida*）

（INCI 名稱——Glycine Soja (Soybean) Oil）

（INCI 肥皂皂化物名稱——Sodium Soybeanate）

大豆油沒有經過處理的話，含有極大量的不飽和脂肪酸（逾50%都是亞麻油酸），因此大豆油通常會經過氫化處理，以免多元不飽和脂肪酸的成分快速酸敗。光是美國每年就生產 90 億磅大豆油。市面上的大豆油跟基因改造、氫化處理和傳統農作脫不了關係，盡量別拿來護膚，除非是有機大豆油就另當別論。

大豆油經過氫化處理之前，富含維生素 E（每盎司大約有 30 國際單位）和固醇苷（sterolin），有嫩膚的效果。未精煉的有機大豆油，富含卵磷脂和磷脂，只可惜卵磷脂經常特別萃取出來，當成珍貴的副產品販售。有機認證的大豆油可製作天然有機皂、藥物或美妝品，如果再另外添加維生素 E，可以保護大豆油豐富的亞麻油酸，以免酸敗。

酥油

（俗名：Shortening）

（INCI 名稱——Sodium Soybeanate）

（INCI 肥皂皂化物名稱——Sodium Palmate）

通常是大豆油做的，起初是為了取代豬油，正如同人造奶油是要取代奶油，屬於廚房常見的食用油，也會拿來製作肥皂。酥油經過了氫化處理，把不飽和脂肪酸轉化成飽和脂肪酸，在室溫下會呈現固態，無形中改變了大豆油的天然狀態，破壞了大豆油原來的功效和營養。如果拿酥油製作肥皂，酥油提供大量的飽和脂肪酸，皂化速度很快，質地溫和，起泡度穩定，缺點是營養成分低。

天然酥油並未經過氫化處理，不含反式脂肪，採用的是天然飽和棕櫚油，包裝成食用油販售，讓棕櫚油回歸非洲傳統的用途。如果你拿天然酥油打皂，記得要查詢棕櫚油的皂化價。

葵花油

（俗名：Sunflower oil，學名：*Helianthus annus*）

（INCI 名稱——Helianthus annus (Sunflower) Seed Oil）

（INCI 肥皂皂化物名稱——Sodium Sunflowerate）

葵花油的來源，包含數種不同的混種葵花。葵花作物以及種子的交叉混種，為大自然帶來了五花八門的脂肪酸結構，例如高油酸、高亞麻油酸、中油酸含量，適用於食品和美妝工業千奇百怪的用途。如果是油酸的含量高一點，單元不飽和脂肪酸的含量比較多，性質比高亞麻油酸的更穩定。至於高亞麻油酸的版本，以多元不飽和的脂肪酸為主，適合製作顏料等工業用途，當然也適合護膚和烹調，只不過要先做抗氧化處理。

葵花油價格不貴，適合製作美妝品和肥皂。至於對皮膚的效用，端視脂肪酸的成分而定。葵花油含有大量的天然維生素 E，可預防變質酸敗。高油酸含量的葵花油，保存期限比高亞麻油酸的更長。若要設計肥皂配方，記得要參考葵花油廠商提供的皂化價，畢竟不同的葵花品種，會有不同的皂化價。

番茄籽油

（俗名：Tomato seed oil，學名：*Solanum lycopersicum*）

（INCI 名稱——Solanum Lycopersicum Seed Oil）

在市面上是比較新的油品，兼具番茄大部分的優點。番茄籽油的脂肪酸成分，有高達 50%都是亞麻油酸，還有抗氧化物、維生素、礦物質、胡蘿蔔素（包括茄紅素）、植物固醇、蛋白質、卵磷脂，潛藏許多關鍵營養素。食品工業做完番茄醬和番茄汁之後，遺留下來的番茄皮和番茄籽，其實是番茄最有營養的部分，如果不直接丟棄，而是拿來壓榨番茄籽油，就可以萃取珍貴的油脂和營養，包括豐富的抗氧化物、類黃酮、維生素 E 和 C、必需胺基酸、銅、鐵、錳，都是對皮膚有益的營養素。

番茄籽油含有豐富的植物成分，會滲透到皮膚底層，維持皮膚健康，避免一些常見的老化跡象，絕對是特別營養的油脂。番茄籽油呈現深橙色，可見富含胡蘿蔔素和茄紅素，因此是天然的紫外線防護，還會修復陽光曬傷的肌膚。番茄籽油的滋養成分，以及含量高達 25%的棕櫚酸，都是番茄籽油維持穩定的關鍵，不僅能夠長期保存，還會滋養和防護皮膚。番茄籽油散發煙燻辛辣的香氣，營養豐富，具有療效，經常添加在產品中，或者當成按摩油使用。

核桃油

（俗名：Walnut oil，學名：*Juglans regia*）

（INCI 名稱——Juglans Regia (Walnut) Seed Oil）

（INCI 肥皂皂化物名稱——Sodium Walnutate）

是高度不飽和油脂，屬於快乾油，要避免高溫和光照，以免變質酸敗。以核桃油為基底的顏料，不僅符合天然的需求，也不像亞麻仁籽油容易變黃。

核桃油富含多元不飽脂肪酸和高度不飽和脂肪酸，以及植物成分，能夠滋養肌膚，可抗老、促進組織再生和保濕。核桃油富含抗氧化物鞣花酸，會抗菌、抗發炎、抗病毒和防腐，經證實可以抑制腫瘤生長。沒食子酸和蘋果酸的成分，也是抗氧化劑，但含量較少。核桃油也富含植物營養素，堪稱攝取硒、磷、鎂、鋅、鐵、鈣的絕佳來源，這些都是對皮膚有益的營養成分。核桃油也可以調理肌膚，製作各式各樣的護膚產品。如果在核桃油添加維生素 E 等穩定物質，這樣做出來的護膚產品，不僅會滋養皮膚，也會維護肌膚組織。

核桃油的不皂化物含量低，加上極度不飽和，必須搭配飽和油一起製皂，才能夠順利皂化。換句話說，如果在肥皂配方添加了核桃油，記得要多加一些可以提升皂體硬度的油脂。

西瓜籽油

（俗名：Watermelon seed oil 或 ootanga oil，學名：*Citrullus vulgaris*）

（INCI 名稱——Citrullus vulgaris (Watermelon) Seed Oil）

又稱為**水瓜油**（Tsamma oil，非洲的地方性名稱）或**喀拉哈里油**（Kalahari oil），雖然對西方人來說有一點陌生，但是在非洲原住民部落歷史悠久，最早的文獻記載是在五千年前，以埃及象形文字寫成。西瓜籽油源自於喀拉哈里沙漠原生的多汁瓜類，當地女性會栽種西瓜，細心收集西瓜籽，帶到磨坊壓榨成油，可以做料理、做醬料、護膚護髮，對於日常生活不可或缺。

西瓜籽油富含亞麻油酸（高達 65%），質地格外清爽，營養豐富，皮膚吸收快，適合問題肌膚使用，有助於解決皮脂過剩而堵塞毛孔的問題，修復受損的皮膚細胞。西瓜籽油可以抗發炎，舒緩冒痘的痛苦以及其他皮膚病症。西瓜籽油質地相當清爽，有助於調理油性肌膚，縮小毛孔。

西瓜籽油富含維生素 B，尤其是菸鹼酸，還有鎂、鋅等礦物質，可以滋養並修復肌膚，卻不會堵塞毛孔。西瓜籽油質地清爽，可以用在嬰兒和熟齡肌，具有修復和活膚的效果。這是極度穩定的油，保存期限長，添加到其他產品，可以防止變質酸敗，加上質地清爽，可搭配黏膩的油脂使用，也適合取代礦物油。

小麥胚芽油

（俗名：Wheat germ oil，學名：*Triticum vulgare*）

（INCI 名稱——Triticum vulgare (Wheat) Germ Oil）

（INCI 肥皂皂化物名稱——Sodium Wheatgermate）

富含不皂化物和必需脂肪酸，其中有 55%都是亞麻油酸。小麥胚芽油含有大量的植物固醇，再加上天然的維生素 E 成分，所以有抗氧化活性，以免皮膚的脂質受到自由基危害。小麥胚芽油的角鯊烯成分含量將近 1%，可修復受到天氣和陽光損害的肌膚，維持皮膚健康。植物固醇的成分，包括 β-谷甾醇、菜籽甾醇，都可以抗發炎，保護皮膚的屏障功能，至於阿魏酸、生育酚和類胡蘿蔔素，會防止陽光和天氣的危害。

把小麥胚芽油塗在皮膚上，可以促進皮膚表面的循環，強化皮膚的結締組織，維持肌膚的彈性。小麥胚芽油會促進細胞生成，加速再生和修復，所以會療癒割傷和擦傷，亦有保濕和調理的效果。

岩谷油或角栗油

（俗名：Yangu, Cape Chestnut，學名：*Calodendrum capense*）

（INCI 名稱——Calodendrum Capense (Yangu) Oil）

原生於南非，但其實跟栗樹毫無關聯，只是一開始探險家這麼稱呼它而已。岩谷油榨取自一種美麗的非洲森林樹木，有「馬賽油」之稱，因為馬賽部落製作之後，再交給美國企業販售，以保護部落的棲地和生活方式。岩谷油是非洲熱門的護膚油，具有天然的防曬和防護效果。油酸含量為 45%，可以調理和防護肌膚外層。岩谷油富含抗氧化物和必需脂肪酸，亞麻油酸含量為 30%，可以保護脂質的屏障功能，為肌膚保持水分。

土耳其紅油

（俗名：Turkey red oil, sulfated castor oil，學名：*Ricinus communis*）

（INCI 名稱——Sulfated Castor Oil）

又稱為磺化蓖麻油，這是經過硫酸鹽處理的蓖麻油，可溶於水。土耳其紅油是最早出現的**界面活性劑**，誕生於十九世紀（所謂的界面活性劑，兼具乳化劑和潤濕劑的用途）。土耳其紅油常見的用途，就是製作潤澤沐浴油和洗髮用品，具有混溶性，可直接溶解於水中。

天然護膚蠟

植物會分泌蠟質來保護自己，一來對抗惡劣的氣候、乾燥環境、極度潮濕、酷熱嚴寒，二來抵禦昆蟲或小動物的入侵。蠟質有助於密封植物的組織，阻絕周圍惡劣的環境。植物有很多部位會分泌蠟質，包括葉、莖、樹幹、核果、核仁。蠟屬於脂質，其實就是脂肪酸，可以為植物提供防護和營養。動物的身體也會分泌蠟質，讓我們應用在料理和護膚上。天然蠟包括動物蠟和植物蠟，比起人工合成的蠟，更能夠跟人體的生理機能相容。

動物蠟

01 蜂蠟

源自蜜蜂（學名：*Apis mellifera*）的蜂巢。蜂蠟有數千年藥用歷史，還能製成美術用品。十九世紀以前，只要說到蠟，絕對是指蜂蠟。為了取得蜂蠟，必需先從蜂窩取出蜂巢，然後收集蜂蜜，再利用煮沸的熱水，把蠟質的蜂巢融化，加以過濾，形塑成塊狀。

蜂蠟有白色和黃色，在美妝界會交互使用。蜂蠟的顏色，取決於蜜蜂採蜜的花朵種類。黃色的蜂蠟也可以經過氧化劑漂白，成了美妝業常用無色無味的白蜂蠟。蜂蠟會當成增稠劑使用，在製作潤膚霜的時候，加進配方中會產生乳化作用。蜂蠟跟油脂混合，可以製作香膏或藥草膏。蜂蠟和油脂的比例，會決定油膏的軟硬度，有的硬到結塊，有的軟到需要裝在罐子裡。蜂蠟的熔點介於攝氏 62 至 65 度。

INCI 名稱——Cera Alba

02 羊毛脂蠟

羊毛脂蠟（Lanolin 或 Wool wax）通常會製作成護膚用品，屬於綿羊毛的脂肪分泌物，有別於綿羊身體分泌的柔軟體脂。羊毛脂蠟是綿羊特殊的皮脂腺所分泌，在羊毛纖維形成一層保護膜。羊毛脂蠟的英文名稱 lanolin，源自於拉丁文的羊毛（lana）和油（oleum），含有長鏈的蠟質固醇酯，缺乏三酸甘油酯的甘油酯，所以不是油脂喔！但有趣的是，羊毛脂蠟跟人體皮膚角質層的脂質類似，可以調節皮膚的含水量。

粗製羊毛脂蠟是透過各種水洗過程，從羊毛萃取出來，然後再經過精煉。羊毛脂蠟通常有兩種形式：一種是含水的；另一種無水的，亦即純羊毛脂蠟，不含水。羊毛脂蠟會添加在護膚產品中，再不然就是工業用途，作為潤滑劑和防水劑，已有數百年的歷史。

植物蠟

01 堪地里拉蠟

堪地里拉蠟（俗名：Candelilla Wax，學名：*Euphorbia cerifera*）是植物蠟，取自類似蘆葦的植物，主要產地在德州南部和墨西哥北部。把成熟的植株連根拔起，用酸化水煮過，蠟就會浮在表面，然後取出表面的蠟，等待它硬化成形。堪地里拉蠟的顏色，從淡褐色至黃色不等，分成塊狀和粒狀。堪地里拉蠟的熔點為攝氏 68～72 度，在美妝業、食品業和藥品業都有商用。堪地里拉蠟經過美國食品藥物管理局認證，屬於公認安全（GRAS）材料，大可安心添加於食品中。

INCI 名稱——Euphorbia Cerifera (Candelilla) Wax

02 巴西棕櫚蠟

巴西棕櫚蠟（俗名：Carnauba Wax，學名：*Copernicia cerifera*）是巴西棕櫚樹葉的天然分泌物。巴西棕櫚樹把水分保留在樹葉和樹幹，以蠟作為防護。巴西人稱之為「生命樹」（Arbol de Vida），製成眾多產品，當地原住民也有很多民俗用途。巴西棕櫚樹分布於全球幾個國家，但唯獨巴西北部半乾燥地區，因為氣候條件，產量最豐沛，占了全球巴西棕櫚蠟的八成之多。

巴西棕櫚樹的葉子先砍下來乾燥，再用機器萃取蠟質，經過熔化和過濾，除去雜質之後，就是粗製的巴西棕櫚蠟。天然的巴西棕櫚蠟呈現各種黃色調，熔點為攝氏 83 度以上，算是硬度極高的蠟。高熔點的性質，最適合拋光打亮的用途，經常作為地板和傢俱的亮光蠟。巴西棕櫚樹的商業用途，包括蠟燭、藥片的膜衣、毛皮的拋光，以及鑄造工藝和美妝品產業。美國食品藥物管理局把巴西棕櫚蠟列為公認安全的材料，可以安心添加於食品中。

INCI 名稱——Copernica cerifera (Carnauba) Wax

03 **蓖麻蠟**

蓖麻蠟（俗名：Castor wax，學名：*Ricinus communis*）是氫化蠟，源自蓖麻油，質地堅硬易脆，美妝業會拿來製作條狀的產品，例如唇膏、眼線筆等。蓖麻蠟是透過鎳催化劑，在蓖麻油灌入氫氣，讓蓖麻油硬化。蓖麻蠟的熔點為攝氏 21～70 度。

INCI 名稱——Ricinus communis (Castor) Wax

04 **漆蠟**

漆蠟（俗名：Japan wax，學名：*Rhus verniciflua* 或其他**漆樹**品種）是源自日本島嶼原生小樹的漿果。日本稱為**木蠟**（Mokuro），呈現深綠色，從壓碎的漿果萃取而成，漿果先煮沸再壓榨。粗製漆蠟有製作蠟燭、傳統假髮等工業用途。至於精緻漆蠟，已經除去雜質，經過陽光和水的精煉，成為白色的純蠟，可以製作唇膏、藥品、蠟筆、工業產品、油膏。如果從化學成分來看，漆蠟並不是真正的蠟，因為內含甘油酯和游離棕櫚酸，與其說是蠟，還不如說是硬油，就像荷荷芭油不是真的油，而是液態蠟。

05 荷荷芭脂

荷荷芭脂（俗名：Jojoba wax，學名：*Simmondsia chinensis*）類似荷荷芭油，但因為經過氫化，所以熔點變高了，呈現堅硬的蠟質。荷荷芭脂主要用來製作美妝品、蠟燭等。熔點不一，取決於製造過程，有的堅硬如蠟，有的柔軟如脂。

INCI 名稱——Simmondsia chinensis (Jojoba) Wax

06 小冠椰子蠟

小冠椰子蠟（俗名：Ouricury wax，學名：*Syagros coronata*）從巴西羽葉棕櫚萃取而成，類似巴西棕櫚蠟，但是比較難採收，因為小冠椰子蠟必需靠人工摘除葉子，不像巴西棕櫚葉會自行剝落。小冠椰子蠟可以取代巴西棕櫚蠟，只是色澤會比較深。

INCI 名稱——Syagros coronata (Ouricury) Wax

07 米糠蠟

米糠蠟（俗名：Rice bran wax，學名：*Oryza sativa*）是從粗製玄米油萃取而成，玄米油經過脫膠處理，脂肪酸成分會被溶劑除去，最後只留下蠟。米糠蠟可以製作食物，但尚未取得美國食品藥物管理局的公認安全認證。

INCI 名稱——Oryza sativa (Rice Bran) Wax

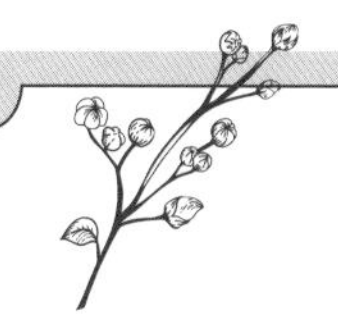

如何使用天然油脂

Working with Natural Oils

我們認識了各種植油性油脂，該是實際應用的時候了！現在要來弄髒雙手（讓雙手沾滿油），捲起袖子，穿上圍裙，開始動手吧！油脂用途無限，包括製作肥皂、按摩油、藥草膏、油膏、護唇膏、潤膚霜、乳液、香水。這個主題實在太廣，都可以再寫一本書了，所以我們只鎖定調油的部分，至於打皂和複合性的產品，先略過不談。

如何保存和處理油脂

天然油脂是有生命的，尤其是還新鮮的時候。雖然油脂都是從活體的種子和核仁壓榨，但有些油脂就比較耐久穩定，有些油脂就很嬌貴，容易跟空氣和環境起化學反應，平常務必妥善處理，以免油品變質，這樣等到你要使用的時候，油脂的特性才會完好無損。養成良好的保存習慣，盡量別讓油脂接觸熱氣、光線和空氣，並且把握時間，趕快把油脂用完。

保存

保存是特別重要的環節。大家都知道熱氣和陽光會轉化多元不飽和油脂，以致氧化酸敗。油脂一律要保存在溫和的氣溫下，不超過攝氏 21 度，置於深色紙箱或室內。至於高度不飽和油脂，最好放冰箱冷藏，以延長使用期限。到底該如何保存最好呢？一切取決於油品的性質，以及你打算放多久再使用。

★**固態飽和油**：例如可可脂、乳木果脂等熱帶油脂，最耐用穩定，可以適應比較溫暖的天氣和長時間陽光照射，通常不用放冰箱冷藏。

★**單元不飽和油脂**：放在室溫下（大約 21 度）即可，但記得要裝在深色瓶，大致可以放七個月至一年。

★**多元不飽和油脂與高度不飽和油脂**：多元不飽和油脂有葡萄籽油、月見草油、核桃油。高度不飽和油脂有亞麻籽油、奇亞籽油、大麻籽油等，務必放在陰暗處，裝在密封容器中並儘量放冰箱冷藏。

選購

選購的時候，只購買你需要的用量。固定油不像有些揮發性的精油，保存好幾年都不會壞。如果保存方式正確，固定油放半年是沒問題的，甚至還可以放更長時間。如果你一次買了幾公升，最好先分裝小瓶，方便每天使用，其餘大包裝就放在陰涼處保存。

現在有很多優良的油品廠商，供應一般或有機的油品，但價格參差不齊。挑選廠商時，注意看油品的品質和價格，以及運輸路途遠近。油很重，運費取決於重量。假設品質差不多，可以就近採買，即使價格貴一點，也好過價格便宜，卻要支付高額跨國運費。

說到食品級油脂，務必選購持有食品認證的廠商，這樣的廠商對於生產的機具和處理程序，自然把關比較嚴密。至於美妝品級油脂，未經過特殊認證，不得添加於食物中。美妝品和外用塗抹的用途，由於不會吃下肚，標準會寬鬆一點，所以食品級或美妝品級的油品皆宜。

油脂塗抹皮膚

把植物油和植物脂塗在身上，對皮膚有許多不為人知的好處。油脂無論是液態或固態，都可以保護皮膚和身體，以免受到天氣和乾燥的危害。油脂的溫暖和能量，會防護皮膚組織，比方在寒冷的氣候區，或者比較寒冷的月分，油脂會保暖身體，把水分鎖在皮膚和體內。如果懂得搭配各種油脂來防護、保暖和滋養皮膚，就可以發揮油脂的神奇力量。

你家廚櫃放的橄欖油，就是絕佳的助曬油。椰子油在個人保養的用處多，舉凡製成牙膏、除臭劑、按摩油和護膚用品。液態油可以直接按摩身體，趁洗澡完按摩肌膚，有保濕、護膚和調理的效果。固態脂塗在皮膚上，可以保濕和鎖水，製成藥草膏、油膏、身體油、磨砂膏、護唇膏，族繁不及備載，絕對超乎你的想像。接下來的配方，將是你嘗試的起點，但光是這樣還不夠，不妨多認識這些油脂，設計專屬於你的配方吧！

以天然油脂保養臉肌

臉是我們面對世界的窗口。每一個全新的日子，我們都要面對世界，或者在有必要的時候，轉過頭背對世界！有些人甚至每天清晨都要化妝。臉部保養會襯托我們的天生麗質，大家不用把護膚想得太複雜，其實只要有食品級的護膚營養素就夠了！植物和大地的天然成分，訴說著我們皮膚和身體的語言；人工合成物有太多垃圾食物，訴說著身體組織聽不懂的語言，短期內看似有效，但長期下來皮膚會暗沉，失去活力。我們最愛的天然植物油，才是最棒的護膚成分。

用植物油清潔肌膚

隨著人類文明演進，衛生和生活水準都提高了，所以才有肥皂和自來水。自從有熱水澡和肥皂可以洗，大家就拋棄古老的「油洗法」，以致我們把肌膚清潔得一乾二淨，反過來還要另外做肌膚保濕，這其實會破壞皮膚天生的油脂平衡。

我們皮膚含有各種脂質，也會分泌脂質。皮膚最外層有 60%以上都是脂肪酸，油脂會保護細胞壁、打擊病菌、癒合傷口、舒緩過敏、防止水分蒸散，若把皮膚天生的油脂都洗掉了，當然要想辦法補回來。油洗法的特殊之處，在於一來清理肌膚，二來保持肌膚的水分和柔嫩。油洗法會溶解並帶走皮膚老舊的硬化油脂，為皮膚補充全新的油脂，如此一來，皮膚才不會過勞，否則肥皂和清水清掉皮膚的油脂，皮膚要一直忙著補上新的油脂。

人類祖先有一個良好的習慣，希臘人、羅馬人和埃及人用油清理皮膚，取用大量的油脂，塗抹並按摩身體，至於過量的油脂，再以鈍工具刮除，這時候會連同髒污和老舊細胞一起刮掉，讓全新的油脂保護皮膚，防範惡劣的天氣和氣候，例如地中海地區常用橄欖油；而熱帶的非洲和南美常用乳木果油和棕櫚油。

最近油洗法重新流行起來，如果你想效法古人的智慧，第一步先找到適合你膚質的油脂，可單獨使用一種油脂，或者多種油脂混合使用。

如何實行油洗法

有兩種可行的方法。第一種方法，把油倒在其中一隻手掌心，兩手互相搓揉後，塗在乾燥的臉部和頸部，充分按摩肌膚。油可以卸妝，也會把髒污以及壞死的皮膚細胞帶走。等到整張臉都塗滿油了，拿一條溫熱的洗臉巾（但也不要熱到燙傷喔），擰乾蓋著皮膚，這是為了打開肌膚的毛孔，把油脂和廢物排出去，靜置一兩分鐘後，擦掉或洗掉臉上多餘的油。把皮膚拍乾，即使塗了油，臉還是會乾燥，記得塗一些滋養的臉部用油，來保持皮膚組織的水分。

第二種方法，除了油脂之外，還會加一點純露或清水，也是倒在其中一隻手掌心，雙手用力搓揉，直到油水乳化，然後塗到臉上，後來的步驟跟第一個方法一模一樣。

油洗法的用油：以脂肪酸類型區分

各種脂肪酸及其油脂，都可以拿來清潔皮膚，只不過觸感和清潔效果，會受到個人膚質、各地氣候和季節的影響。

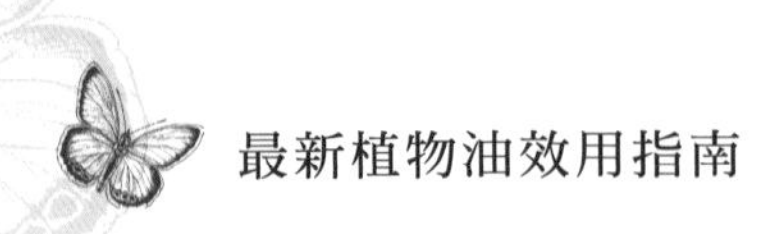

除非你的皮膚極度乾燥，否則在溫暖的月分或氣候，通常會比乾燥寒冷的月分，分泌更多油脂。南北極地區的原住民，愛用飽和動物脂肪來護膚，以免皮膚接觸冷空氣會乾裂。至於熱帶地區的居民，陽光特別毒辣，愛用飽和油脂來防曬。溫帶地區居民愛用的油脂，通常沒那麼飽和，質地比較清爽，這樣才容易「洗掉」，讓肌膚準備好塗抹潤膚霜或護膚油，甚至上妝。

不飽和脂肪酸含量越多，皮膚組織越容易吸收。凡是含有兩大必需脂肪酸 Omega-3 和 Omega-6 的油脂，最容易被皮膚吸收了，其次是富含 Omega-6 亞麻油酸的油脂。

單元不飽和脂肪酸的油脂，比起 Omega-6 和 Omega-3 必需脂肪酸的油脂，質地可能會更厚重一點，停留在皮膚的時間更長，更能夠充分卸除妝容、髒污和皮脂。至於極長鏈脂肪酸的油脂，例如白芒花籽油和辣木油，碳原子的數目動輒 20 個以上，質地厚重多了，不太可能馬上被皮膚吸收，卻有極佳的潤膚和護膚效果，等到清理完畢，擦洗乾淨之後，倒是有清爽的保濕感受。

市面上也有混合多種油脂的卸妝油，但每個人都可以在家自己做，相當簡單！參考下列建議，或者翻閱本書附錄的脂肪酸整理表，找到最適合你膚質、季節和氣候的油脂組合。

清潔皮膚的建議用油

乾燥肌膚

富含單元不飽和脂肪酸的油脂，例如橄欖油、酪梨油、澳洲胡桃油、甜杏仁油、芝麻油、山茶花油。荷荷芭油適用於各種膚質，但精確來說，荷荷芭油是蠟，不是油。

如果膚質真的很乾燥，不妨試試看富含油酸，以及含有少量飽和脂肪酸（例如棕櫚酸）的油脂，比方木瓜籽油、乳木果油或澳洲胡桃油。

一般肌膚

最好採用油酸和亞麻油酸比例平衡的油脂，例如蔓越莓籽油、杏桃核仁油、摩洛哥堅果油、猴麵包樹油。荷荷芭油也很適合，椰子油也可以，因為椰子油的中鏈脂肪酸質地清爽，滿容易吸收，如果有多餘的油，也可以輕易抹除。

油性肌膚

下列油脂富含 Omega-3 和 Omega-6 脂肪酸，有助於皮膚鎮定、補給營養和恢復正常，包括亞麻薺油、奇亞籽油、印加果油、奇異果籽油、黑莓籽油、夏威夷石栗油、覆盆莓籽油、亞麻籽油、紫蘇籽油，這些油脂可以單獨使用或混用。荷荷芭油缺乏三酸甘油酯，格外適合皮脂分泌過量的肌膚。蓖麻油也適合一般和油性的肌膚使用，一下子就滲透到肌膚底層，多餘的油脂也能用水洗掉，順便帶走肌膚上多餘的油脂。至於富含單寧的油脂，能夠鎮定過度活躍的皮脂腺，例如山茶花油和榛果油。

痘疤肌膚

富含 Omega-6 亞麻油酸的油脂，最適合痘疤肌膚和問題肌膚，可以滲透到肌膚各層，補充流失的脂肪酸。葡萄籽油富含 Omega-6 脂肪酸，為肌膚補充不足的營養。西瓜籽油、小黃瓜籽油、月見草油、百香果籽油，也是不錯的選擇。

以精油和油脂清潔肌膚

油洗法也可以添加精油，增添一些香氣，但如果手邊只有油脂，其實就很好用了，只是精油具有特殊療效，有助於療癒皮膚病症，提亮膚色。

★溫和的尤加利精油（例如澳洲尤加利）、永久花精油、羅馬洋甘菊精油，都有助於控制發炎組織。

★薰衣草精油可以舒緩神經系統，同時調理和鎮定肌膚。

★至於比較高貴的奧圖玫瑰精油或橙花精油，適合護膚。

大家不妨翻閱市面上豐富的精油書，可得知更多精油護膚資訊（亦可參閱這本書後面的延伸閱讀）。

卸除眼妝

試試看葡萄籽油、月見草油或椰子油，倒在棉球或卸妝棉上，卸除睫毛膏、眼影和眼線。小心別讓油脂流到眼睛，否則會有幾分鐘的時間，眼睛彷彿罩著一層薄膜，看不太清楚。有些油脂接觸眼睛，可能引發輕微過敏，一次只倒最少的量，輕柔溶解眼皮和眼睫毛的妝，再輕輕擦拭掉。

貼心提醒：卸除眼妝之前，最好先拿掉隱形眼鏡，否則油脂沾到鏡片，可能會傷害視力。把隱形眼鏡戴回去之前，務必確保眼周沒有油脂。

臉部保養油或精華油

現在有這麼多種類的油脂，如果巧妙整合不同油脂的營養，可以提供肌膚充足的抗氧化物、維生素、礦物質和優質脂質。首先，想一想，你想提供肌膚哪些營養呢？維生素 C 或維生素 E？防止曬傷的抗氧化物？抗老成分？以延緩環境和歲月對肌膚的摧殘。下列有一些配方，會幫助你展開探索的旅程。如果你手邊沒有那麼多種油脂，那就換成其他油脂或直接省略。記得把調製的比例寫下來，下次你才可以複製或修正配方。

若要調配肌膚好吸收的護膚油或精華油，不飽和脂肪酸的含量越多，皮膚吸收得越快。此外，脂肪酸的碳鏈長度，也會影響吸收的快慢，短鏈脂肪酸比長鏈脂肪酸更易被皮膚組織吸收。護膚油主要是以 Omega-3 和 Omega-6 脂肪酸為主，方便皮膚吸收，再添加少量的高營養 Omega-9 脂肪酸，提供皮膚有益的成分與營養，維持皮膚細胞健康。下列配方也有精油的建議，這只是你探索旅程的起點，而非結束。精油的用量，宜少不宜多，幾滴就會有香氣和調理效果，一點點就夠了。

製作和使用精華油

一般祕訣

★使用優質的油脂，盡可能是有機的，營養成分更佳。

★一次只調配夠用的量，使用一兩個月再調配新的。別忘了，有很多油脂都很容易變質。

★每天使用，效果最好。

★把精華油放在陰涼處，以棕色或藍色的瓶子保存。

用法

最好是塗抹在乾淨濕潤的皮膚上，這樣油脂最容易也最快吸收。油脂還會鎖住你清潔皮膚時留下的水分。

季節性

冷天氣

寒冷的冬天，通常會伴隨極度乾燥的空氣，肌膚難以維持細胞的水分，這時候護膚油以保濕為主，在外部環境和肌膚組織之間形成脂質屏障。記得也要飲用大量的水，由內而外補充水分。

夏天

悶熱的氣候或季節，跟寒冷的冬天剛好相反，肌膚會過度分泌皮脂和水分（汗水），像這種日子，雖然皮膚不需要額外補充油脂，但油脂會幫忙防曬，提供抗氧化物，或者緊緻肌膚，建議使用質地乾爽的油脂。

如果你住在炎熱乾燥的地區，需要能夠護膚和保濕的油脂，不妨考慮乾燥地區所產的植物油，例如荷荷芭油和摩洛哥堅果油，可以保護皮膚細胞，以免受到乾燥環境所害。

增添香氣

為護膚油或精華油增添香氣，也是護膚有趣的一環。請記得使用優質的精油，來療癒你的肌膚和身體。下列配方有提供一些建議，再不然你也可以自行做功課，閱讀有關精油的文獻（我最愛的書籍都列在參考資料區）。如果你剛開始使用精油，下列精油對肌膚和臉部特別好：玫瑰、薰衣草、天竺葵、橙花、羅馬洋甘菊、馬鞭草酮迷迭香、胡蘿蔔籽、沒藥、依蘭、檸檬馬鞭草。有一點小提醒：柑橘類精油香氣怡人，但大多有光敏性，使用後曬太陽，很容易曬傷。如果真的很喜歡柑橘類精油，不妨添加在臉部清潔用品中，有活膚的效果。

容器

液態精華油通常裝在容量小於一盎司的小瓶子，若附有滴管頭或按壓頭，每次就可以少量取用，方便按摩皮膚。至於固態的油脂（稱為脂），最好裝在廣口瓶或錫罐，如果是遇熱會液化的飽和油配方，就可以裝在瓶子或擠壓瓶，你不妨自行試試看。

調製你的配方

下列配方的每一樣材料，皆以份數為單位。你可以自行決定製作的分量，再來計算個別材料的份數，盡量以一份或半份計算，會比較方便喔。

如果只有你一個人使用，材料用量所謂的一份，大概是 15ml（一大匙）或 30ml（兩大匙）。

如果大量製作，所謂的一份，可能到 120ml 以上。

貼心提醒：最好趁油脂新鮮時使用，不要一次做太多，否則會變質。

當你要混合這些液態油，不妨用量杯或小杯子調勻，最後調配好的成品，用漏斗倒入瓶中。記得貼標示，否則放了一個禮拜或一個月，你就會忘了瓶子裡裝什麼。

提醒固態油配方記得要輕輕拌勻，倒入廣口瓶，方便取用。

如何保存精華油

有些油脂天性穩定，可防止配方氧化，舉凡白芒花籽油、馬魯拉果油、辣木油和猴麵包樹油，都有強大的防腐效果，添加到你的配方中，可以拉長保存期限。維生素 E 也可以避免氧化，只不過油脂的維生素 E 含量不一，最終用量端視維生素 E 的含量而定。貼心提醒：有些人可能對高濃度的維生素 E 過敏。

如何使用精華油

精華油可以每天使用一次或多次，再不然，設定好你想解決的皮膚問題，針對那個問題調製特殊配方。

做紀錄

別忘了做紀錄，如果你的配方調得好，以後才知道該如何複製，如果配方調得不夠好，才知道以後該如何改進。記得在每一個瓶罐做好標示。

六款護膚油配方

下列提供幾種入門的配方。

(01)

油性肌膚專用的護膚油

簡介

油性肌膚都需要營養和優質的油脂。收斂油富含單寧，質地清爽溫和，可形成防護層，鎮定過度活躍的皮脂腺。

乾性收斂油

白芒花籽油、葡萄籽油、榛果油、玄米油、玫瑰果油、琉璃苣油、蔓越莓籽油、荷荷芭油、芒果脂。如果在配方添加瓊崖海棠油，可以避免痘疤，防止疤痕生成。西瓜籽油極度清爽，有助於清潔毛孔裡的老舊脂肪和碎屑。

作法

混合幾種油脂，再添加鎮定油性肌膚的精油（參考下面）。

適合添加的精油

穗花薰衣草、真正薰衣草、馬鞭草酮迷迭香、永久花、依蘭，或者較溫和的尤加利（例如澳洲尤佳利）。每 30ml 油脂添加 6～10 滴精油。

用法

在乾淨濕潤的肌膚塗上薄薄一層，讓肌膚慢慢吸收。

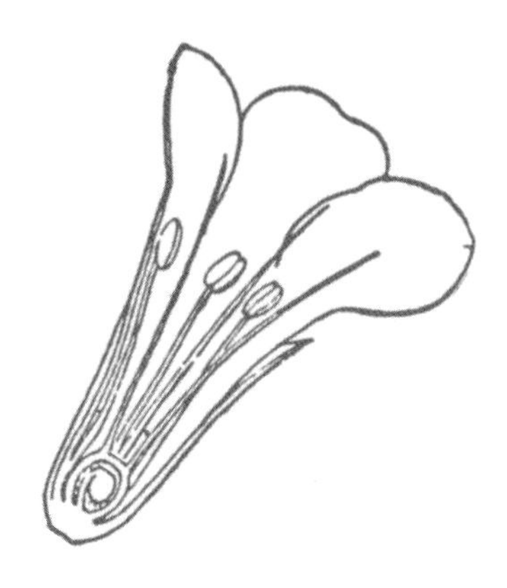

02

維生素 C 精華油

簡介

維生素 C 極為重要，可以刺激膠原蛋白增生，維持皮膚健康。維生素 C 也會強化皮膚本身的免疫功能，防範老化的跡象。富含維生素 C 的油脂，通常是果實本身就富含維生素 C。

富含維生素 C 的油脂

奇異果籽油、黑莓籽油、玫瑰果油、百香果籽油、沙棘油、藍莓籽油、黑醋栗籽油

作法

挑選 3 至 4 種富含維生素 C 的油脂，每一種各添加 1 份至配方中，如果要避免氧化，再另外添加半份白芒花籽油，或者每 30 ml 精華油就添加 1/2 小匙維生素 E，避免這些脂肪酸氧化。把成品裝在滴管瓶或按壓瓶，貼上標籤。

適合添加的精油

精油並不含維生素 C，所以挑選你自己喜歡的精油就好了，或者任何有療效的精油。每 30 ml（2 大匙）添加 6～10 滴精油，橙花精油是不錯的選擇。

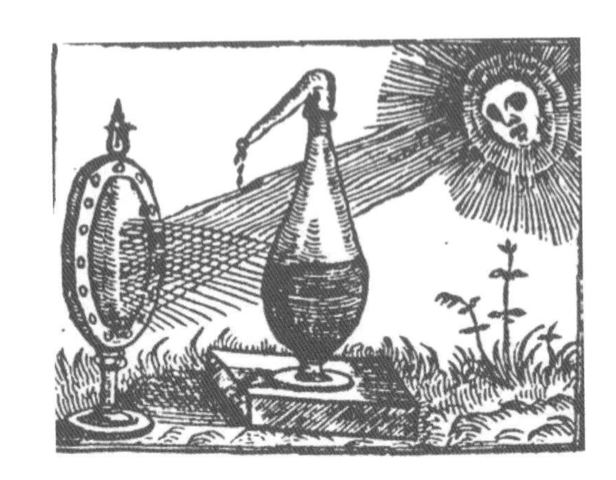

03 抗老化精華油

簡介

這款精華油從多方面保護肌膚，強化肌膚組織的膠原蛋白，主要挑選富含不皂化物和抗氧化物的油脂。

適合的基底油

任選兩種以上的油脂，每一種各添加 1 份至配方中。適合的基底油有酪梨油、摩洛哥堅果油、馬魯拉果油、澳洲胡桃油、荷荷芭油、辣木油或石榴籽油。

額外添加的抗氧化油脂

添加少量的布荔奇果油、玫瑰果油或沙棘油。至於高濃度的瓊崖海棠油，也有許多滋養和活化肌膚的營養素。

作法

每 30 ml 基底油就額外添加 1/2 小匙（2.5 ml）抗氧化油脂，因為這些抗氧化油脂的顏色較深，用量太多的話，膚色可能會轉為橙色。這款精華油本來就含抗氧化物，但如果你還想再添加維生素 E，大約每 90 ml 基底油添加 5 ml 維生素 E 就夠了。

適合添加的精油

我的抗老化精華油曾經添加過岩玫瑰和綠香桃木精油。此外，馬鞭草酮迷迭香、永久花、橙花、玫瑰和天竺葵，也對於熟齡肌有益。

防曬精華油

簡介

有些顏色鮮豔的油脂，富含抗氧化物，可以抗紫外線，舒緩陽光對肌膚的傷害，以免肌膚組織遭到氧化而受損。此外，熱帶地區所生產的油脂，也有防止陽光曬傷的成分。

注意事項

曬太陽是必要的，對健康有很多好處，還可以幫助皮膚合成維生素D，但我們也要防止曬傷，盡量穿長袖、找遮陰、戴帽子，都可以避免陽光的照射量超過上限。熱帶地區生產的油脂，具有長時間防曬效果，但仍要發揮常識以免曬傷。

高防曬力的油脂

布荔奇果油、胡蘿蔔籽油、胡蘿蔔根浸泡油、沙棘油、玫瑰果油、番茄籽油、燕麥油，從色澤就看得出富含植物性抗氧化成分，可以緩解陽光帶來的潛在氧化傷害。熱帶地區油脂也有防曬效果，例如椰子油、乳木果脂、芒果脂、巴巴蘇油、可可脂、瓊崖海棠油。

作法

上述那些油脂，添加到下列的基底油，例如摩洛哥堅果油、夏威夷石栗油、芝麻油、荷荷芭油、白芒花籽油，或者可可脂、巴巴蘇油或椰子油，達到你期待的濃稠度與色澤。如果抗氧化油脂的顏色比較深，大約 1 份抗氧化油脂，最好以 6 份基底油稀釋，相當於 5 ml 抗氧化油脂，以 30 ml 基底油稀釋。若有用到固態脂，必須先加熱融化，再跟液態油和精油充分調勻，然後靜置冷卻。覆盆莓籽油也適合添加，經研究證實會防曬。

適合添加的精油

避免柑橘類精油，否則有光敏性問題，使用後不得曬太陽。除此之外，薰衣草、天竺葵、胡蘿蔔籽和檸檬馬鞭草都是不錯的選擇。

使用須知

如果你要出門曬太陽，記得大量塗抹，一旦有游泳碰水或出汗，一定要補擦。

舒緩精華油

簡介

這款精華油適用於過敏或發炎的肌膚，可以鎮定並舒緩發癢和發紅。燕麥油的成分會舒緩過敏，百香果籽油也有鎮定成分。綠花椰菜籽油或白芒花籽油富含極長鏈脂肪酸，也會提供肌膚防護，黑醋栗籽油和琉璃苣油的 γ 次亞麻油酸成分（GLA），也會舒緩發紅和過敏。

安全須知

如果你極容易對麩質過敏，或者有乳糜瀉症，記得要避開燕麥油，多添加一些含有 GLA 的油脂（月見草油、琉璃苣油或黑醋栗籽油）。

作法

燕麥油、百香果籽油、黑醋栗籽油或琉璃苣油，分別添加 1 份到配方中。白芒花籽油或綠花椰菜籽油，不妨添加 1/2 份，幫肌膚防範外來的過敏物質。如果是要在全身使用，記得再用溫和的基底油稀釋，例如甜杏仁油、芝麻油或橄欖油，以 1:1 或 1:3 的比例稀釋。

適合添加的精油

羅馬洋甘菊、薰衣草、永久花精油，有助於修復和鎮定肌膚。

06

提亮膚色精華油

簡介

有時候到了冬季尾聲，或者工作壓力大，或者正在調整生活習慣，肌膚會暗沉蒼白。如果用一些活化肌膚的油脂，有助於提亮膚色。

提亮膚色的油脂

玫瑰果油、山茶花油、番茄籽油、沙棘油或小黃瓜籽油。

消除皮膚斑的油脂

酪梨油、木瓜籽油、玄米油、蓖麻油。

作法

挑選幾種提亮膚色的油脂，以及幾種消除皮膚斑的油脂。深色的油脂記得要用淺色的油脂稀釋，稀釋比例通常是 1:6。

適合添加的精油

馬鞭草酮迷迭香、檸檬馬鞭草、胡蘿蔔籽、天竺葵、玫瑰精油，都可以活化肌膚和提亮膚色。

貼心提醒：你自行調配保養品，是為了避開市面上保養品的人工添加物。長期使用人工化合物，久而久之，皮膚會失去活力，膚色暗沉，還會危害健康。每次選購保養品之前，都要注意看有哪些人工添加物。一般產品標示的成分，常照著含量多寡排列，如果你發現香草或天然油脂都排在末位，可想而知這樣的產品並不會改善你的皮膚。

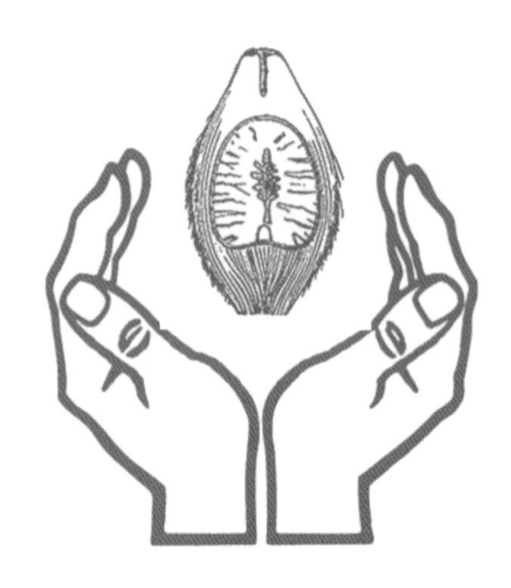

身體按摩油

按摩油要有一定的滑溜度，這樣在按摩的過程中，雙手才能夠在肌膚自由遊走，但按摩油仍要有些許黏性和阻力，皮膚和底下組織才會有按摩的感受。有些油脂特別適合按摩，供你調製按摩油時參考。

以脂肪酸類型來建議按摩油

參見本書附錄的脂肪酸整理表，你就知道每一種油脂分別以哪些脂肪酸的成分為主。下面列出各種脂肪酸的用處：

★以 Omega-9 油酸為主的油脂，不僅有滑溜度，也保有黏性，屬於單元不飽和脂肪酸，不會馬上就被皮膚吸收。

★以 Omega-6 亞麻油酸為主的油脂，很快就被皮膚吸收，如果單獨使用這種油脂按摩，可能要一直補油。

★以 Omega-3 α-次亞麻油酸為主的油脂，很快就被皮膚組織吸收，想要有調理肌膚的效果，可混合以 Omega-9 為主的油脂一起用。

★椰子油（包括分餾和初榨）之類的飽和油，都是很棒的按摩油。至於比較厚重的飽和油，例如乳木果脂、可可脂、芒果脂，恐怕要搭配其他清爽的油脂，才適合當成按摩油。

最愛的按摩油和配方

★**椰子油**：中鏈脂肪酸接觸到皮膚，馬上就會融化，是很棒的按摩油，可以被皮膚吸收，卻不會吸收得太快。分餾椰子油是液態的椰子油，就算天氣冷也不會凝固，經常作為按摩油。

★**荷荷芭油**：跟皮膚的皮脂極度相容，也是很棒的按摩油。

★**橄欖油**：自從雅典娜女神把橄欖油獻給希臘人，橄欖油就一直被拿來按摩。橄欖油經得起時間的考驗，只可惜氣味濃烈，會令人聯想到沙拉和食物。如果要用於按摩，不妨選擇精煉的橄欖油。

★**酪梨油和甜杏仁油**：這兩種油脂的脂肪酸組成，其實跟橄欖油類似，富含 Omega-9 油酸，無論滑溜度和黏性都一應俱全，也持久耐放。

★**澳洲胡桃油**：散發濃郁的堅果香，富含 Omega-9 脂肪酸，不妨先購買少量試試看，或者跟其他無味的油脂混合。

★**乳木果油**：富含 Omega-9 脂肪酸，另有飽和脂肪酸的成分，所以濃郁而滋潤，絕對是按摩油的首選，可以跟其他比較清爽的油脂一起用。

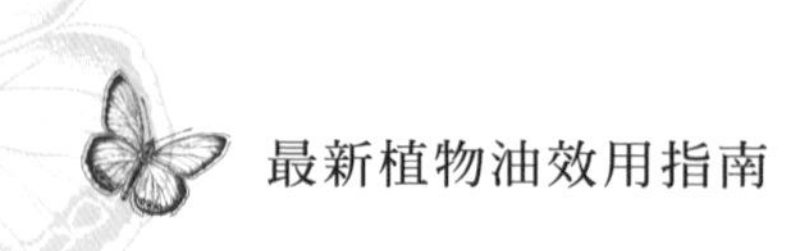

至於有單寧成分的油脂，例如山茶花油、榛果油和葡萄籽油，比較適合護膚，沒那麼適合按摩，因為塗在肌膚上有一點乾澀，雖然會修復和調理肌膚，卻缺乏滑溜度。

如果可以依照對象的不同，調製不同配方的按摩油，按摩的體驗絕對會更好！緊張壓力大的人，不妨添加百香果籽油。身上有疤痕組織的人，可以試試看玫瑰果油。有些油脂對於肌肉痠痛和紅腫特別有益，例如乳木果脂混合比較清爽的安弟羅巴果油、木瓜籽油、黑種草籽油或百香果籽油。

多方嘗試各種油脂，就是很棒的學習管道。先購買少量試試看，大約 120 至 240 ml 左右，體會各自的質地、滑溜度和黏性，最後絕對會調出令親朋好友和客戶如癡如醉的配方。

簡易身體磨砂膏

用糖和鹽製作身體磨砂膏，簡單雅緻，可以有效除去老舊皮膚細胞，達到活膚和刺激的效果，進而散發健康光澤，不妨添加一些精油或天然色素，在家也能夠享受美好的 SPA 體驗唷！

檸檬鹽磨砂膏

簡介

這是會激勵皮膚的鹽粒磨砂膏，除去皮膚角質，促進皮膚循環。鹽結晶會輕輕帶走壞死的皮膚細胞，檸檬精油會清潔並淨化皮膚，同時提振心情和紓解壓力。

材料

細海鹽或細砂糖 1 磅
葵花油或甜杏仁油 60～90 ml
檸檬精油 200 滴
山雞椒精油 35 滴
豆蔻精油 10 滴

作法

拿一個大碗，放入海鹽或砂糖，比例大概是這樣計算：每 5 份海鹽或砂糖，就加入 1 份葵花油或甜杏仁油，然後添加精油，充分混合。如果磨砂膏的油脂不夠多，可能有點乾，如果想要濕一點，使用這款磨砂膏之前，不妨先用大量的油按摩肌膚。

容器

如果是用海鹽，記得裝在塑膠蓋的罐子，否則鹽分會侵蝕金屬蓋，長期下來，不管是磨砂膏最上面一層，還是罐子都會變黑喔！

變化：你大可多加一點油脂，製作潤滑的磨砂膏，或者少加一點油，製作偏乾的磨砂膏。液態卵磷脂也可以加一點，大約 5 ml，讓卵磷脂融入油中，這樣磨砂膏會更容易清洗掉。精油不妨換成你自己喜歡的。加一點乾燥海藻粉，會增添礦物質和碘。加一點彩色黏土，一來潔淨肌膚，二來為磨砂膏染色。

手打護膚膏和身體乳

這些都是美妙的配方，先把飽和與不飽和的油脂融化混合，靜置冷卻後，用攪拌機或電動攪拌器打發。如果你有強壯的臂膀，大可直接拿打蛋器打發。

手打油脂有一點難度，一部分要看室溫和季節。夏季的時候，氣溫較高，飽和硬油的比例要調高，例如可可脂。冬季的時候，氣溫比較低，飽和油脂的比例就可以調降了。你最後打出來的成品，是柔軟、適中或堅硬，取決於周圍環境的溫度，還有飽和與不飽和油脂的比例，像夏天比較溫暖或炎熱，手打油脂會軟趴趴，等到氣溫下降才會硬化，可是如果氣溫太高了，油脂會再度融化，需要重新打發。

這裡的配方只是提供調配的比例，讓你依照個人需求增減分量。你想先做少量試試看嗎？配方材料所謂的 1 份，就設定在 30 ml 左右，測試一下觸感。你想做一大盆，分裝成小禮物嗎？配方材料所謂的 1 份，可能要設定為 1 磅左右，記得拿大一點容器，才能夠打大分量。如果你發現成品太硬了，不妨再多加一點油重新打發，直到質地更柔順為止。每一次實作都要測量清楚做筆記，下次才可以複製或修正配方。

下面提供一些比例，也順便讓大家明白做出來的質地：

★**乳木果脂、椰子油、芝麻油各 1 份**：質地柔軟，就算天氣寒冷仍會保持柔軟，幾乎都呈現液態。

★**乳木果脂、可可脂、芝麻油各 1 份**：只是把椰子油換成可可脂，質地就變得很硬，這是因為可可脂的飽和度極高，極長鏈脂肪酸在室溫下極度堅硬。如果想變化一下，可可脂也可以換成燭果脂，質地也是超級超級堅硬！

★**巴巴蘇油、椰子油和芝麻油各 1 份**：天氣溫暖時是柔軟的，氣溫涼爽時，質地會變硬，但還好一碰到皮膚，就會回歸液態。這配方很棒！

★**可可脂、芝麻油和白芒花籽油各 1 份**：質地堅硬，但還好一碰到皮膚，就瞬間融化了。

★**燭果脂、巴巴蘇油、芝麻油各 1 份**：質地堅硬，但只要在皮膚稍微按壓一下，就會慢慢融化了。

打發身體油

簡介

這些美妙柔軟的身體油，只要比例正確，一碰到肌膚就自動融化了。先把飽和與不飽和油脂融化混合，然後靜置冷卻，再以簡單的廚具打發，就是充滿空氣的清爽身體油了！只不過，如果在夏天或者氣溫太高，成品有可能會消泡，回復未打發的狀態。

材料

芒果脂或巴巴蘇油 120 ml
椰子油 120 ml
西非乳木果脂 75 ml
液態油（參見下面的建議）135 ml

作法

葵花油經濟實惠，玫瑰果油兼顧營養和色澤，葡萄籽油會平衡飽和油脂，調理肌膚。液態油一定要跟飽和油脂混合，靜置冷卻，直到不流動為止，建議放冰箱冷藏，但如果氣溫涼爽，在室溫下放過夜也可以。等到靜置冷卻後，用廚房攪拌器或攪拌棒打發，打發的時間越長，質地越清爽。精油可以在任何的時間添加。

容器

把成品舀進廣口瓶。這恐怕無法用倒的，記得要用湯勺。裝瓶完畢，瓶身輕敲一下桌面，把多餘的空氣排出，這樣你會多出邊緣的空隙，再繼續填滿你打發的身體油。最後鎖上合適的瓶蓋，以酒精擦拭瓶身，用紙巾擦乾，最後貼上標示。

製作香草浸泡油

香草浸泡油經得起時間的考驗，對皮膚有很多效用。把香草的葉子、花朵、根莖浸泡在油裡，香草的植物療效會轉移到油裡面，療癒我們的皮膚和身體。

香草浸泡油

把香草浸泡在油脂裡，其實是最古老的製藥手法。傳統藥草醫術和香水，正是用這個方法萃取香氣和良藥。植物浸泡在油裡面，療效、香氣和色澤都會轉移到油裡面。泡過新鮮或乾燥香草的油，可以直接做成軟膏使用，或者添加於潤膚霜或藥草膏中。藥草可以是新鮮或乾燥的，只不過先曬乾植物，除去多餘的水分，浸泡起來會比較容易，否則沒處理好的話，新鮮植物的水分可能會壞了浸泡油。

油會流動或膨脹，尤其是溫暖的天氣，有可能會流出瓶外，搞得一團亂，所以裝瓶的時候，最好先預留一些膨脹的空間，或者在瓶身底下墊托盤，以免弄髒工作檯和傢俱。

如何處理乾燥的香草

把香草放入有蓋的罐子，大約裝到瓶身的二分之一或三分之一，接著要倒油，油要淹過乾燥的香草，記得用筷子或叉子攪動一

下。香草一定要完全浸泡在油裡面，否則接觸到空氣有可能發霉。裁一張跟瓶口一樣大的咖啡濾紙，把香草壓到油面以下，咖啡濾紙會壓住底下的香草，保護你的浸泡油。等到香草都沉到油面底下，再倒入更多油，蓋過咖啡濾紙和香草，記得要預留一點點空間讓油膨脹。

如何處理新鮮香草

我個人會浸泡新鮮的香草，先不問對錯啦，我只是覺得新鮮的香草仍保有生命力。只不過，浸泡新鮮的香草，要小心一點，以免出問題。新鮮香草浸泡在油裡面，葉子和花朵所含的水分，有可能帶給浸泡油過多水分，以致浸泡油變質發霉。

趁早晨 6～10 點摘取葉子和花朵，盡量挑選乾燥的日子，這樣前一晚的露水早已蒸發了。葉子或花朵表面不可以有水分，只摘取乾淨的部分，刷掉灰塵或昆蟲。浸泡前，不要再沖洗葉子或花朵。你可以摘植物長在地面上的部分，置於編織籃或濾盆，晾乾一整天或一整晚，趁浸泡之前，再多蒸散一點水分。等到你準備就緒，把植物放入瓶中（最好要有蓋子），塞滿整個瓶身，可以稍微壓一下，但也不要塞太緊。接下來倒油，記得蓋過植物，讓全部的植物都浸泡到油。

我們還是要裁一張跟瓶口一樣大的咖啡濾紙，蓋住香草植物，可以把植物壓在油面底下，然後倒入更多油，鎖上瓶蓋，記得要預留一些空間，讓油脂得以膨脹。

浸泡新鮮的根

如果你摘取的是植物的根部，先沖掉泥土和石頭。洗乾淨之後，放在毛巾上，靜置乾燥數小時或一整晚。根部的表面一定要保持乾燥，這樣做出來的浸泡油才會好，以免滋生黴菌。現在把根部切成幾小塊，放入瓶中，倒油，油要蓋過根部，植物一定要沉在油面下，記得預留一些空間，讓油脂得以膨脹。

時間、陽光和熱氣：萃取的過程

現在，油已經倒了，也蓋過植物了，然後呢？浸泡的過程有好幾種，這裡介紹三種。熱萃取是最快的方法，冷萃取（順其自然）是最慢的方法。太陽萃取法是善用強大的陽光，創造屬於你自己的配方，本身就有特殊功效。製藥者和草藥專家會依照個人經驗、所在地區和當地習慣，善用各種不同萃取法，大家都來尋找最適合自己的萃取法吧！

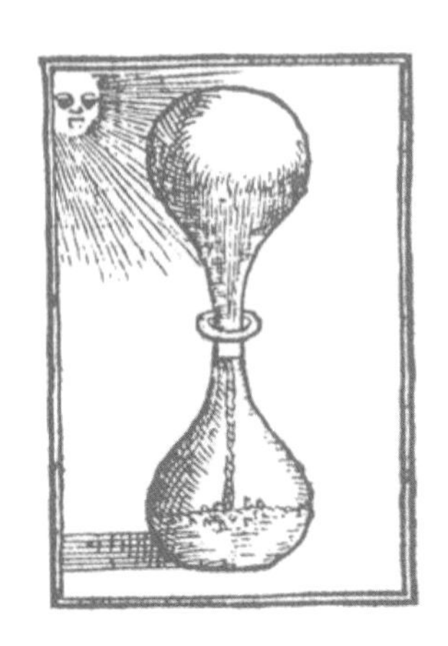

01 太陽萃取法

簡介

把香草放在太陽下浸泡，可以更快轉移植物的成分，一併把太陽的能量也注入浸泡油中。全球草藥學家製作聖約翰草浸泡油，皆採用太陽萃取法。這是聖約翰草的傳統浸泡手法，但其實適用於任何新鮮或乾燥的香草。太陽光也會作用於香草植物，為浸泡油灌注特殊的能量。

作法

瓶子裝滿了香草和油，拿到戶外放著，借助太陽的溫暖和力量，加速把植物成分轉移到油裡面。瓶子在戶外放置數天，甚至一個禮拜，時間長短取決於你居住的地區，像我住在太平洋西北岸，如果不巧遇上陰天，可能要把瓶子放在戶外兩個禮拜，但如果是比較炎熱的南方氣候，也許放幾天就夠了。

好處

太陽是重要的生命泉源，太陽能量會加強浸泡油的療效。

其他嘗試

聖約翰草，是最傳統的太陽萃取浸泡油，但其他植物也適用，例如金盞花、薰衣草、迷迭香、檸檬香蜂草、西洋蓍草、紫草、玫瑰、艾草、紫羅蘭葉、紫丁香、接骨木花。

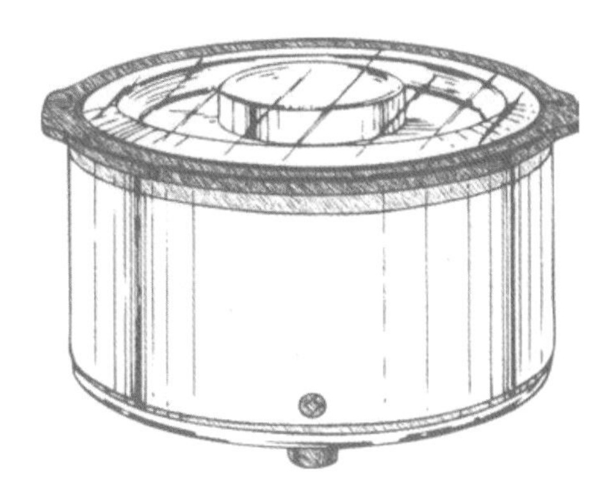

02

熱萃取

簡介

熱氣也會加速浸泡的過程，可試試看壓力鍋，或者用烤箱低溫烘烤。

作法

把油和香草放入壓力鍋或平底鍋，開小火加熱數小時。熱萃取要特別注意的是溫度，以免過度加熱，溫度要保持在攝氏 49～54 度之間，太熱恐怕會導致浸泡油加速變質。

好處

在極短的時間內完成，隨即把浸泡油保存起來，以備不時之需，這個方法可以節省時間和心力。

其他嘗試

上述植物都適用熱萃取，無論是乾燥或新鮮的植物都可以，你可試試看冬青樹枝、尤加利、墨西哥辣椒、大蒜等。

冷萃取

簡介

冷萃取只靠時間的作用，完全不靠熱氣。浸泡油的罐子直接放在工作檯或櫥櫃裡，植物成分就會逐漸轉移到油裡面。如果放室內的話，可能要浸泡六週以上。

作法

把裝滿香草和油的罐子，置於可以長放的地方，例如櫥櫃或工作檯，至少放六個禮拜。底下墊一個托盤，以免油溢出來或流下來。不時搖一搖罐子，讓油脂散播開來。一般都是靜置六個禮拜，其實沒必要再拉長時間。

好處

冷萃取顯然很便利，就算有添加多元不飽和脂肪酸的油脂，也不用擔心過度加熱會變質。油放在室內，遠離熱氣和陽光，通常可以放很長的時間。

其他嘗試

很多植物都可以長時間浸泡，例如玫瑰花瓣、聖約翰草、迷迭香、薰衣草，但金盞花除外。有些香草的氣味太濃，浸泡太久的話，恐怕會影響你未來用浸泡油製作其他產品，比方金盞花、紫丁香、車前草、紫草等植物，最好在浸泡六個禮拜後隨即撈出來。

用什麼油好呢？

這本書介紹好幾種油脂，究竟哪一種油脂最適合做浸泡油？這要看你期待的效果。如果要做藥草膏或其他產品，最好挑選保存期限長的油脂。此外，成本也是考量因素，畢竟製作浸泡油會消耗大量的油，有些油還會在浸泡的過程中流失。再者，後續的用途和觸感也是考慮重點。美國大部分草藥專家也會使用橄欖油或橄欖果渣油，因為成本低廉，保存期限長。古代歐洲人會使用豬油，主要看在豬油穩定，屬於飽和脂肪，也跟皮膚相容。我在製作後續產品時，總覺得橄欖油太油膩，所以早在幾年前，我就全面改用芝麻油做浸泡油。芝麻油也不貴（但今非昔比了），穩定性跟橄欖油不相上下。芝麻油含有兩種天然的防腐劑，分別是芝麻酚和芝麻素，如此一來，只要把浸泡油放在陰涼的地方，就可以保存很長時間。我提醒大家一下，芝麻油有兩種形式，分成未精煉芝麻油和烘焙過的黑麻油，後者氣味濃烈，適合亞洲料理使用，通常不會拿來護膚，因此要製作浸泡油的話，最好選擇未烘焙的精煉芝麻籽，或者未精煉的芝麻油。

椰子油可以萃取花朵的香氛，茉莉花浸泡油就是很好的例子，你還可以趁浸泡的過程中，不時添加新一輪的茉莉花進去。說到底，這就是脂吸法 DIY，值得一試。

一般來說，富含 Omega-9 油酸的油脂，最適合做浸泡油了。至於亞麻籽油和大麻籽油，太容易變質了，恐怕會浪費你寶貴的藥草。Omega-3 和 Omega-6 脂肪酸無法長期保存，浸泡的過程中，不

僅會接觸到熱氣，還要長時間擺放，絕對會加速氧化。你不妨先做少量試試看，找出最能夠滿足你需求的油脂。

用什麼植物好呢？

大家可翻閱香草專書，這裡提供幾個建議：冬青樹、松樹、雲杉、冷杉、尤加利，可以製作暖身按摩油。也可試試看花朵類，例如玫瑰、金盞花、薰衣草、西洋蓍草、紫丁香、聖約翰草、蒲公英、接骨木花。至於葉子，有檸檬香蜂草、迷迭香、紫羅蘭、艾草、鼠尾草、歐白芷、斗篷草。不妨看一看周圍，有哪些植物正在蓬勃生長。你恐怕無法捕捉植物大部分的香氣，但至少植物的功效會轉移到浸泡油。最後，注意植物是不是野生的、有機的、天然的，還是有噴草化學藥劑，如果有噴農藥，就不可能製成良藥了。

倒出來

等到浸泡完成，該是把浸泡油倒出來的時候了！拿一個碗，還有篩子或濾網，以及一個瓶子裝浸泡油。把浸泡的東西都倒出來，浸泡油會順著濾網流入碗中。你可以擠壓一下植物，萃取出更多的浸泡油。然後，拿一個漏斗，把浸泡油倒入新的瓶子，標示浸泡的植物、日期、萃取介質。泡過的玫瑰和金盞花還可以添加到肥皂中，盡量發揮植物的功效，剩下的植物還可以堆肥。

如果你是用新鮮的植物浸泡，長期下來，植物可能會變成黏答答的物質，這樣的浸泡油並沒有壞掉，只是要先過濾。我會把黏答答的物質加入肥皂中。

製作浸泡油的疑難雜症

有時候，作法再怎麼無懈可擊，仍會有一小塊植物浮在油面，結果還真的發霉了，這不表示整瓶油都壞了，不妨善用湯匙、湯勺或筷子等工具，小心取出發霉的部分並丟掉。然後拿一張紙巾，噴上一點酒精，擦拭瓶身內部，消除黴菌的孢子。最後，把浸泡油倒出來，用篩網濾過，植物可以堆肥。裝瓶後，貼上標籤，妥善保存。

如果黴菌長滿了整個油和瓶子，而不只是長在頂部，可見你的植物太濕了，葉子都可能殘留水分。這樣的浸泡油就沒救了，應該直接丟棄。

製作油膏

油膏混合了油脂和蠟，在室溫下會凝固。自古以來的藥膏、油膏、軟膏，就是這樣製成的。液態油會搞得一團亂，不好隨身攜帶，天氣一熱，還有可能從密封瓶滿溢出來，但如果油加了蠟，質地會變濃稠，甚至開始結塊，這樣就方便運輸和使用了。

油膏是藥草界和香水界的常見產品。油膏可軟可硬，有些油膏質地柔軟，只添加適量的蠟，有的油膏硬到可以從錫罐取出，當成潤膚餅使用，一切取決於

油和蠟的比例，有無限多變化的可能性，看是要用普通便宜的液態油，還是特殊昂貴的護膚油？要不要放香草萃取物？有沒有香味呢？是軟還是硬？下面提供參考配方，大致列出油膏的製作流程。

設備和工具

事前準備工作

鐵鍋：最好是琺瑯鑄鐵鍋，或者能均勻受熱的鐵鍋。

提醒：玻璃鍋不太適合，等到蠟冷卻了，可能會沾滿玻璃鍋四周。

熱源：例如加熱板或爐子，小火就夠了，不需要開大火。

鍋鏟、攪拌棒或筷子（免洗筷很好用，還可以重複使用）。

有蓋的罐子。

清潔用品：酒精（消毒罐子和蓋子），紙巾，肥皂和水。

步驟

1. **準備罐子：**清洗後瀝乾，把酒精噴在紙巾上，以紙巾擦拭罐子消毒。等到酒精蒸發了，我們再來裝罐，酒精蒸發得很快。

2. **測量蠟的用量，**置於鍋中，開小火慢慢融化，如有需要再慢慢調大火，但仍要在旁邊顧著。

3. **注意溫度：**熱氣是脂質的敵人，包括油、卵磷脂和蠟都超怕熱氣。雖然我們要高溫來融化蠟，混合這些材料，但要以小火，以免破壞結構。溫度不宜高，否則油蠟混合物會開始冒煙。過熱恐怕會破壞油脂，縮短成品的保存期限，油脂也會更快變質。

4. **回到鍋子：**趁著蠟融化的時候，添加固態植物脂，繼續開小火慢慢融。等到快融化了，就可以添加液態油，熱度不用太高，足以融化蠟就夠了。我們加了冷油，蠟會開始凝固，所以要繼續攪拌融化，直到所有材料融合在一起。等到油脂和蠟都充分融化，就是添加精油的時候了，輕柔的攪拌，把精油拌入溫熱的油和蠟，攪拌均勻。

5. **測試軟硬度：**新配方會帶來很多驚喜，有可能是太硬或太軟，或者難以成形！相信我，倒入罐子之前，絕對要先測試軟硬度，祕訣很簡單！把油蠟混合物滴在淺碟子或防油紙上，靜置冷卻後，感受塗在手上或嘴唇的感覺，如果太軟了，多加一點蠟，如果太硬了，多加一點油，然後再測試一次。

6. **倒入罐子中：**測試過程中，油蠟混合物記得離火，別繼續在放在爐子上加熱，以免加熱過度。如果這是你期待的軟硬度，再開火加熱一下，就可以倒進預備好的乾淨小罐子。蓋上保護紙，靜置冷卻。

7. **蓋子**：等到油膏成形了，就可以鎖上蓋子。如果罐子的邊緣不小心滴到油膏，記得用紙巾擦乾淨，然後用酒精消毒。罐子四周要保持乾淨整潔。

油膏的材料

蠟：蜂蠟可以讓油膏、護唇膏或香膏凝固，塗在皮膚上，觸感溫暖、滋潤、柔順，跟皮膚完全契合，人類自古以來使用至今，已有數千年的歷史。

蜂蠟分成塊狀和粒狀，小顆粒方便秤重。每次製作油膏，都要事先秤好，小塊的蜂蠟最好秤，如果家裡有小秤子，還滿方便的。至於塊狀的蜂蠟，可能要先處理成小塊，否則不好操作。我會建議先磨碎備用，再不然還有個方法：把一整塊蜂蠟放在鑄鐵鍋融化，只融化薄薄的一層，等到那一層蜂蠟冷卻了，從鑄鐵鍋中取出，扳成幾個小片，保存備用。蜂蠟冷卻後，馬上會結塊，一小片一小片保存，未來處理起來，會比較順手喔。

植物蠟的熔點通常較高，做出來的成品容易脆裂，也比較堅硬。由於熔點高，不用加太多，就可以達到蜂蠟的堅硬度。

純素者杜絕一切動物產品，甚至包括蜂蠟。因此，純素者使用的產品，須以植物蠟取代蜂蠟，包括堪地里拉蠟、米糠蠟、蓖麻蠟、荷荷芭蠟。其中一些是天然蠟，其餘是植物油氫化處理而成。

精油增添香氣：天然精油可以為保養品增添療效和香氣。純天然產品當然要以精油取代香精。精油添加的比例有很多種，1%的稀釋比例，240 ml 的配方需要 50 滴精油，要是覺得不夠香，例如是要做香膏的話，試試看 2%稀釋比例，240 ml 的配方添加 100 滴精油。至於 2%以上稀釋比例，香氣可能會過度濃烈。精油的使用心法，少即是多！

調配精油是一門藝術，坊間有很多課程、書籍和線上課程，教授一些基本功。等時間一久，你會摸索出自己最愛的配方和變化。

卵磷脂：是磷脂，適合調理肌膚，屬於脂質的一種，極為潤膚，有助於皮膚吸收和保濕。如果你有添加卵磷脂，蠟的用量要多一點，否則會難以成形。

維生素 E：是常見的抗氧化劑，以免油脂氧化變質。

油膏基本比例：240 ml 的油脂，搭配 30 ml 的蜂蠟。

創造個人的油膏配方

固定油：偶爾換一下你使用的油。任何油加了蠟都會凝固，不妨試試看浸泡過植物的浸泡油，或者富含特殊營養素的油脂，例如玫瑰果油、瓊崖海棠油、月見草油或石榴籽油。你有近乎無窮無盡的選擇！

植物脂或固態油：240 ml 的油脂之中，如果有一部分是椰子油、乳木果脂、可可脂等熱帶油脂，成品會有不同的質地、療效和功效。如果加了固態脂，蜂蠟和植物蠟就放少一點。

額外的添加物：黏土、水果粉、香草萃取物，可以為油膏增添質地、色澤和療效，倒入罐中的時候，記得要一直攪拌，讓這些成分均勻分布，否則黏土和粉末容易沉到鍋子底下，以致第一罐沒什麼料，最後一罐卻有滿滿的料。

基本油膏配方

簡介

這個配方可以做出 240 ml 的油膏，我只是提供一個比例，你隨時可以自己調整。

材料

蜂蠟 30 ml
液態油 210 ml
植物固態脂，例如乳木果脂、芒果脂等 30 ml
精油 40～80 滴

作法

開小火融化蜂蠟和固態脂，輕柔的攪拌。等到全部融化，慢慢倒入液態油，直到所有材料都融化，攪拌均勻。火溫不宜太熱，然後添加精油，持續攪拌。倒入 1～4 個罐子中，靜置冷卻後，鎖上蓋子，貼上標示。

其他巧思

★添加維生素 E，可以保護油脂，也對皮膚有益。

★一次混合好幾種油脂，只要總量是 240 ml，任憑你自由搭配，如果固態脂加得比較多，蜂蠟就要減量。

★如果要做成堅硬的潤膚餅，多加一點飽和固態脂，或者把蜂蠟的用量增為 60～90 ml。

★把 240 ml 配方拆成一半，試試看不同的變化。

★最後的成品隨時可以融化，再重新添加蠟或油。

02

薰衣草油膏

簡介

有益神經健康，也可以鎮定孩童情緒、曬傷、傷口或過敏，或當成香膏使用。這個配方可以做出 120 ml 的油膏。

材料

薰衣草浸泡油（或其他優質植物油）120 ml

蜂蠟 15 ml

薰衣草精油 50～60 滴

作法

開小火融化蜂蠟，輕柔的攪拌，慢慢倒入薰衣草浸泡油或其他原味植物油，攪拌均勻。等到所有材料都融化了，添加精油，持續攪拌。倒入你預備好的罐子中，靜置冷卻後，鎖上蓋子，記得用酒精擦拭罐子，方便貼上標籤。

野草油膏

簡介

如果你不知道該怎麼使用浸泡油，那就來製作油膏吧！這款油膏有療癒效果，因為融合多種的香草。

材料

蜂蠟 37.5 ml
乳木果脂或芒果脂 60 ml
浸泡油 300 ml（各種浸泡油，例如西洋蓍草、金盞花、聖約翰草、紫草）
精油 80 滴（薰衣草、天竺葵、羅馬洋甘菊或其他組合）

作法

把蜂蠟和固態脂（乳木果脂或芒果脂）倒入鐵鍋，開小火加熱，等到融化了，慢慢加入液態浸泡油，攪拌均勻，最後再添加精油。

大家現在知道植物油用處多，我們只是觸及一些基礎而已。既然讀了這本書，知道植物油對皮膚和全身上下都很好，從今以後，多多吃油，挑選適合烹調的植物油，把優質的植物油塗在身上，沉浸在植物油的光芒中，享受植物油跟身體細胞的親近熟悉。你的身體會張開雙臂，熱烈歡迎這些營養成分，以健康回報你。

附錄

依照用途區分

天然紫外線防護

酪梨油

綠花椰菜籽油

布荔奇果油

胡蘿蔔根浸泡油、胡蘿蔔籽油

櫻桃核仁油

蔓越莓籽油

小黃瓜籽油

智利榛果油

榛果油

白芒花籽油

燕麥油

木瓜籽油

覆盆莓籽油

玄米油

芝麻油

乳木果脂

番茄籽油

岩谷油

熱帶地區的油脂

淡化皮膚斑

酪梨油

蓖麻油

木瓜籽油

玄米油

玫瑰果油

痘痘肌、乾癬、濕疹

安弟羅巴果油

摩洛哥堅果油

奇亞籽油

夏威夷石栗油

黑種草籽油

紫蘇籽油

印加果油

抗老

安弟羅巴果油

摩洛哥堅果油

酪梨油

黑莓籽油

布荔奇果油

瓊崖海棠油

亞麻薺油
山茶花油
胡蘿蔔籽油
蔓越莓籽油
小黃瓜籽油
智利榛果油
澳洲胡桃油
馬魯拉果油
辣木油
燕麥油
百香果籽油
石榴籽油
印加果油
番茄籽油

肌肉痠痛紅腫

安弟羅巴果油
摩洛哥堅果油
黑醋栗籽油
黑種草籽油
木瓜籽油
百香果籽油
石榴籽油
乳木果脂

護髮

海甘藍籽油
綠花椰菜籽油
山茶花油
胡蘿蔔籽油
巴西油桃木果油

疤痕和妊娠紋

布荔奇果油
山茶花油
奇亞籽油
可可脂
椰子油
小黃瓜籽油
玫瑰果油

按摩

甜杏仁油
杏桃核仁油
酪梨油
椰子油
荷荷芭油
夏威夷石栗油
澳洲胡桃油
橄欖油

芝麻油

乳木果油

葵花油

防腐

猴麵包樹油

馬魯拉果油

白芒花籽油

辣木油

西瓜籽油

傳統藥用

安弟羅巴果油

蓖麻油

瓊崖海棠油

苦楝油

黑種草籽油

乳木果油

傷口護理

安弟羅巴果油

瓊崖海棠油

卡蘭賈油

夏威夷石栗油

苦楝油

黑種草籽油

紫蘇籽油

巴卡斯果油

南瓜籽油

玫瑰果油

依照特徵區分

快乾油

亞麻籽油

大麻籽油

富含亞麻油酸的紅花油

富含亞麻油酸的葵花油

紫蘇籽油

罌粟籽油

核桃油

收斂油，富含單寧，乾澀油

山茶花油

蔓越莓籽油

葡萄籽油

榛果油

荷荷芭油

芒果脂

玫瑰果油

富含穩定的維生素 C

黑醋栗籽油

黑莓籽油
藍莓籽油
布荔奇果油
奇異果籽油
馬魯拉果油
百香果籽油
玫瑰果油
沙棘油

富含角鯊烯

摩洛哥堅果油
山茶花油
智利堅果油
澳洲胡桃油
橄欖油
玄米油
小麥胚芽油

富含磷脂

酪梨油
奇異果籽油
馬魯拉果油
燕麥油
罌粟籽油
大豆油

油酸高含量（Omega-9 脂肪酸含量超過 60%）

巴西莓果油 60%
甜杏仁油 65%
杏桃核仁油 65%
酪梨油 70%
布荔奇果油 80%
山茶花油 80%
胡蘿蔔籽油 68%
榛果油 80%
澳洲胡桃油 60%
馬魯拉果油 75%
辣木油 70%
橄欖油 75%
木瓜籽油 70%
水蜜桃核仁油 60%
李子核仁油 70%
乳木果油 70%
高油酸的紅花油 75%
高油酸的葵花油 72%

油酸含量中等（Omega-9 脂肪酸含量為 35～59%）

安弟羅巴果油 50%

摩洛哥堅果油 45%
猴麵包樹油 35%
巴西堅果油 45%
瓊崖海棠油 49%
芥花油 58%
可可脂 35%
智利榛果油 50%
卡蘭賈油 55%
燭果脂 35%
芒果脂 48%
苦楝油 50%
燕麥油 40%
棕櫚油 40%
花生油 45%
山核桃油 52%
巴西油桃木果油 50%
開心果油 53%
巴卡斯果油 55%
玄米油 35%
婆羅雙樹脂 45%
芝麻油 45%
乳木果脂 48%
岩谷油 45%

亞麻油酸含量高（Omega-6 含量超過 50%）

巴西莓果油 50%
黑莓籽油 60%
小黃瓜籽油 65%
月見草油 70%
葡萄籽油 76%
大麻籽油 55%
乳薊籽油 55%
黑種草籽油 58%
百香果籽油 75%
罌粟籽油 70%
南瓜籽油 55%
覆盆莓籽油 50%
紅花油 75%
大豆油 50%
葵花油 72%
番茄籽油 55%
核桃油 55%
西瓜籽油 60%
小麥胚芽油 55%

亞麻油酸含量中等（Omega-6 含量為 30～49%）

摩洛哥堅果油 45%
猴麵包樹油 35%
黑醋栗籽油 47%
藍莓籽油 45%
琉璃苣油 35%
巴西堅果油 45%
櫻桃核仁油 44%
咖啡油（生豆）40%
玉米油 48%
蔓越莓籽油 40%
夏威夷石栗油 40%
燕麥油 40%
水蜜桃核仁油 30%
花生油 33%
山核桃油 36%
開心果油 34%
玄米油 40%
玫瑰果油 45%
印加果油 35%
沙棘油 35%
芝麻油 40%
大豆油 50%

α-次亞麻油酸含量高（Omega-3 脂肪酸含量超過 15%）

黑莓籽油 15%
藍莓籽油 28%
亞麻薺油 45%
奇亞籽油 60%
蔓越莓籽油 30%
亞麻籽油 65%
大麻籽油 20%
奇異果籽油 58%
夏威夷石栗油 35%
紫蘇籽油 55%
覆盆莓籽油 22%
玫瑰果油 35%
印加果油 48%
沙棘油 32%
核桃油 15%

棕櫚油酸含量高

酪梨油 13%
智利榛果油 25%
澳洲胡桃油 20%
沙棘油 24%

Omega-3 和 Omega-6 脂肪酸的比例

藍莓籽油 1:1.5

亞麻薺油 2:1

奇亞籽油 3:1

蔓越莓籽油 1:1

亞麻籽油 2:1

大麻籽油 1:3

奇異果籽油 3:1

夏威夷石栗油 1:1.5

紫蘇籽油 3:1

覆盆莓籽油 1:2

玫瑰果油 1:1

印加果油 1:0.7

沙棘油 1:1

極長鏈脂肪酸的油脂

海甘藍籽油

綠花椰菜籽油

白芒花籽油

白蘿蔔籽油

荷荷芭油

γ-次亞麻油酸含量高（Omega-6）

黑醋栗籽油 17%

琉璃苣油 25%

月見草油 10%

月桂酸含量高（中鏈脂肪酸）

椰子油 50%

巴巴蘇油 47%

棕櫚核仁油 48%

許多新的熱帶油脂

芥酸含量高

海甘藍籽油 60%

綠花椰菜籽油 49%

白蘿蔔籽油 34%

荷荷芭油 18%

白芒花籽油 13%

不皂化物含量高

酪梨油

芒果脂

東非乳木果脂

玄米油

西非乳木果脂

小麥胚芽

依照產地區分

熱帶地區的油脂

巴西莓果油

巴巴蘇油

巴西堅果油

布荔奇果油

可可脂

椰子油

芒果脂

各種棕櫚油

木瓜籽油

巴西油桃木果油

乳木果脂＆乳木果油

乾燥氣候的油脂，鹽生植物

摩洛哥堅果油

猴麵包樹油

荷荷芭油

西瓜籽油

岩谷油

核仁萃取的油

巴西莓果油

甜杏仁油

杏桃核仁油

櫻桃核仁油

芒果脂

棕櫚核仁油

水蜜桃籽油

李子核仁油

豆科植物的油

蓖麻油

可可脂

咖啡油

卡蘭賈油

花生油

巴卡斯果油

大豆油

穀物／禾本科植物的油

燕麥油

玉米油

小麥胚芽油

玄米油

種子萃取的油

海甘藍籽油

黑醋栗籽油

黑莓籽油

藍莓籽油

琉璃苣油
綠花椰菜籽油
亞麻薺油
山茶花油，茶籽油
胡蘿蔔籽油
奇亞籽油
蔓越莓籽油
小黃瓜籽油
白蘿蔔籽油
月見草油
亞麻籽油
葡萄籽油
奇異果籽油
白芒花籽油
乳薊籽油
黑種草籽油
燕麥油
木瓜籽油
百香果籽油
紫蘇籽油
石榴籽油
罌粟籽油
南瓜籽油
覆盆莓籽油
玫瑰果油
紅花油
芝麻油
葵花油
番茄籽油
西瓜籽油
小麥胚芽油

果實體萃取的油（這些油脂通常有兩個萃取來源）

酪梨油
橄欖油
棕櫚油
巴卡斯果油
沙棘油

古老的糧食作物或油料作物

亞麻薺油
蓖麻油
亞麻籽油
大麻籽油
辣木油
黑種草籽油
橄欖油

紅花油
芝麻油
西瓜籽油

非洲產地

摩洛哥堅果油
猴麵包樹油
馬魯拉果油
辣木油
棕櫚油
乳木果脂
東非乳木果脂
西瓜籽油
岩谷油

南美產地

巴西莓果油
安弟羅巴果油
巴巴蘇油
巴西堅果油
布荔奇果油
智利榛果油
百香果籽油
巴西油桃木果油
巴卡斯果油
玫瑰果油
印加果油

太平洋地區產地

瓊崖海棠油
可可脂
椰子油
伊利普脂
奇異果籽油
夏威夷石栗油
澳洲胡桃油
芒果脂
木瓜籽油

中東和地中海產地

海甘藍籽油
甜杏仁油
杏桃核仁油
黑種草籽油
橄欖油
石榴籽油
罌粟籽油

依照科屬區分

植物可以依照相似性和共通性分門別類。分類學是依據分類單位（Taxon），把特徵相似的歸在同一類。瑞典植物學家林奈（Carolus Linnaeus）的豐功偉業，就是把各式各樣的植物、動物和元素，依照界門綱目科屬種和親屬關係下去分類，一七五八年公布他的分類法，至今仍在使用。

植物油也屬於植物界（kingdom），「界」底下還有「目」（order），「目」底下有「科」（family），「科」底下還有「屬」（genus）和「種」（species），所以「種」是多樣性最高的階元。

同一科植物，有許多共通的特質，如果心中有一個大圖像，或者對每一科植物有群體印象，絕對會掌握個別植物的特質或特徵。十字花科（**蕓薹屬**）含有特殊的脂肪酸成分。禾本科的油脂營養豐富。薔薇科的果實、種子和核仁，也經常壓榨成植物油。

知道植物的科屬，掌握植物彼此的關聯，會比較清楚植物的效用和使用須知，例如蓖麻油和夏威夷石栗油都是**大戟科**（Euphorbiaceae），對皮膚的病症有療效，但如果不小心吞下肚，可能導致消化不良。

漆樹科（Anacardiaceae）

芒果脂、馬魯拉果油、開心果油

獼猴桃科（Actinidiaceae）

奇異果籽油

棕櫚科（Arecaceae / Palmae）

巴西莓果油、巴巴蘇油、布荔奇果油、椰子油、棕櫚油、棕櫚核仁油

菊科（Asteraceae）

紅花油、葵花油、乳薊籽油

木棉科（Bombacaceae）

猴麵包樹油

紫草科（Boraginaceae）

琉璃苣油

十字花科（Brassicaceae）

海甘藍籽油、綠花椰菜籽油、亞麻薺油、芥花油／菜籽油、白蘿蔔籽油

金絲桃科（Hypericaceae）

瓊崖海棠油

大麻科（Cannabaceae）

大麻籽油

番木瓜科（Caricaeae）

木瓜籽油

油桃木科（Caryocaraceae）

巴西油桃木果油

樺木科（Betulaceae）／榛木科（Corylaceae）

榛果油

葫蘆科（Cucurbitaceae）

小黃瓜籽油、南瓜籽油、西瓜籽油

大戟科（Euphorbiaceae）

蓖麻油、夏威夷石栗油、印加果油

龍腦香科（Dipterocarpaceae）

伊利普脂

胡頹子科（Elaeagnaceae）

沙棘油

杜鵑花科（Ericaceae）／越橘屬（Vaccinium）

蔓越莓籽油、藍莓籽油

豆科（Fabaceae）

卡蘭賈油、花生油、巴卡斯果油、大豆油

茶藨子科（Grossulariaceae）／醋栗屬（Ribes）

黑醋栗籽油

胡桃科（Juglandaceae）

核桃油、山核桃油

唇形科（Lamiaceae）

紫蘇籽油、奇亞籽油

樟科（Lauraceae）

酪梨油

玉蕊科（Lecythidaceae）

巴西堅果油

沼花科（Limnanthaceae）

白芒花籽油

亞麻科（Linaceae）／亞麻屬（Linum）

亞麻籽油

千屈菜科（Lythraceae）

石榴籽油

錦葵科（Malvaceae）

可可脂

楝科（Meliaceae）

苦楝油、安弟羅巴果油

辣木科（Moringaceae）

辣木油

木樨科（Oleaceae）

橄欖油

柳葉菜科（Onagraceae）

月見草油

罌粟科（Papaveraceae）

罌粟籽油

西番蓮科（Passifloraceae）

百香果籽油

胡麻科（Pedaliaceae）

芝麻油

禾本科（Poaceae）

玉米油、燕麥油、玄米油、小麥胚芽油

山龍眼科（Proteaceae）

澳洲胡桃油、智利榛果油

毛茛科（Ranunculaceae）

黑種草籽油

薔薇科（Rosaceae）

甜杏仁油、杏桃核仁油、黑莓籽油、櫻桃核仁油、水蜜桃核仁油、李子核仁油、覆盆莓籽油、玫瑰果油

茜草科（Rubiaceae）

咖啡油

芸香科（Rutaceae）

岩谷油

山欖科（Sapotaceae）

摩洛科堅果油、東非乳木果脂、乳木果脂、乳木果油

油蠟樹科（Simmondsiaceae）

荷荷芭油

茄科（Solanaceae）

番茄籽油

茶科（Theaceae）

山茶花油

繖形科（Umbelliferae / Apiaceae）

胡蘿蔔籽油、胡蘿蔔根浸泡油

葡萄科（Vitaceae）

葡萄籽油

90 種油脂和蠟的皂化價

油脂

海甘藍籽油 167

巴西莓果油 191

甜杏仁油 192.5

安弟羅巴果油 186

杏桃核仁油 190.0

摩洛哥堅果油 189

酪梨油 187.5

巴巴蘇油 247.0

牛油 197.0

黑醋栗籽油 188

黑莓籽油 189.5

藍莓籽油 190

琉璃苣油 188.0

巴西堅果油 245.0

綠花椰菜籽油 200

布荔奇果油 210

牛脂（乳牛）226.6

亞麻薺油 185.9

山茶花油 191

芥花油／菜籽油 174.7

蓖麻油 180.3*

*蓖麻油的脂肪酸成分特殊，其皂化價的機轉不一樣，占肥皂配方的比例最好不超過 10～15%。

瓊崖海棠油 208

櫻桃核仁油 190

奇亞籽油 191.5

可可脂 193.8

椰子油 268.0

咖啡油（生豆）193

咖啡油（烘焙豆）186

玉米油 192.0

蔓越莓籽油 190

小黃瓜籽油 183

白蘿蔔籽油 176

鴯鶓油 195.0

月見草油 191.0

亞麻籽油 189.9

山羊脂 193.6

鵝油 191.6

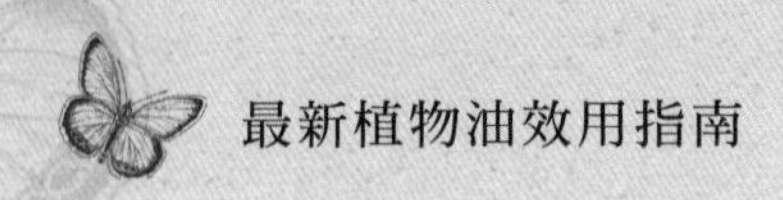

葡萄籽油 182.5

榛果油 195.0

大麻籽油 192.8

伊利普脂 192.5

荷荷芭油 97.5

卡蘭賈油 183

奇異果籽油 196

燭果脂 189.4

夏威夷石栗油 190.0

羊毛脂 103.7

豬油 194.6

澳洲胡桃油 195.0

芒果脂 194.8

馬魯拉果油 190

白芒花籽油 169

乳薊籽油 196

辣木油 195

苦楝油 194.5

黑種草籽油 193

肉豆蔻脂 162.4

燕麥油 190

橄欖油 189.7

棕櫚油 199.1

棕櫚核仁油 219.9

木瓜籽油 188

百香果籽油 193

紫蘇籽油 191

開心果油 191.0

橄欖果渣油 189.7

石榴籽油 190

罌粟籽油 193.6

巴卡斯果油 180

南瓜籽油 193.0

覆盆莓籽油 186

玄米油 179.2

玫瑰果油 193.0

紅花油 192.0

婆羅雙樹脂 190.0

沙棘油 163

芝麻油 187.9

乳木果脂 180.0

綿羊脂 193.6

大豆油／酥油 190.6

葵花油 188.7

番茄籽油 192

核桃油 189.4

西瓜籽油 191.5

小麥胚芽油 185.0

岩谷油 190

蠟

蜂蠟 88–100

堪地里拉蠟 44–66

巴西棕櫚蠟 78–95

荷荷芭蠟 85–95

依照脂肪酸區分

油脂可依照飽和度來分類，下列簡述每一種脂肪酸的性質。Omega 後面接的數字，意指從碳鏈的游離端（Omega 端）算起，在第幾個碳原子出現第一個雙鍵。如果第一個雙鍵出現在第三個碳原子，那就是 Omega-3 脂肪酸。至於 Omega-9 單元不飽和脂肪酸，第一個雙鍵就出現在第九個碳原子。

高度不飽和脂肪酸，Omega-3 **家族：**最不飽和的脂肪酸，有三個雙鍵。這一類脂肪酸包含了必需脂肪酸α-次亞麻油酸（LNA，C18:3），以亞麻籽油的含量最高。此外，黑醋栗籽油所含的硬脂四烯酸（SDA，C18:4），以及冷水魚類和海鮮所含的 EPA（C20:5）和 DHA（C22:6），皆為 Omega-3 脂肪酸家族。

高度不飽和脂肪酸，Omega-5 **家族：**石榴所含的石榴酸（punicic acid，C18:3），屬於高營養的長鏈脂肪酸，因為帶有 18 個碳原子以及 3 個共軛雙鍵，所以高度不飽和。此外，肉豆蔻所含的單元不飽和肉豆蔻油酸（myristoleic acid），以及櫻桃核仁油所含的油硬脂酸（eleostearic acid），皆為 Omega-5 脂肪酸家族。

多元不飽和脂肪酸，Omega-6 **家族：**有 2 個雙鍵，這一類脂肪酸包含了必需脂肪酸亞麻油酸（LA），遍布於紅花油、葵花油、大麻籽油、大豆油、核桃油、芝麻油。此外，γ-次亞麻油酸（GLA）也屬於Omega-6家族，遍布於琉璃苣油、黑醋栗籽油、月見草油。花生四烯酸（AA）遍布於肉類和動物製品中。雙同-γ-次亞麻油酸（DGLA）存在於人類的母乳中。

單元不飽和脂肪酸，Omega-7家族：以棕櫚油酸（POA）為代表，椰子油和棕櫚核仁油等熱帶地區油脂，都含有棕櫚油酸的成分，碳鏈總共有16個碳原子以及1個雙鍵（C16:1）。牛油酸（Vaccenic acid，C18:1）的英文名稱源自拉丁文的乳牛vacca，遍布於各種乳製品，包括牛奶、奶油和人類的母乳，另一種順式的牛油酸，則為沙棘油的成分之一。

單元不飽和脂肪酸，Omega-8家族：以稀少的十七烯酸（margaroleic acid，C17:1）最有代表性，主要存在於魚類和動物脂肪中，偶而會出現在植物油裡。

單元不飽和脂肪酸，Omega-9家族：「單元」的意思是碳鏈帶有1個雙鍵，以油酸（OA，C18:1）為主，油酸總共有18個碳原子和1個雙鍵，在許多油脂的含量都很高，包括橄欖油、酪梨油、甜杏仁油、澳洲胡桃油、山核桃油、花生油。芥酸（Erucic acid，C22:1）也是Omega-9脂肪酸家族，但碳鏈比較長，總共有22個碳原子和1個雙鍵。

飽和脂肪酸家族：硬脂酸（SA）遍布於紅肉、奶油、可可脂和乳木果脂。棕櫚酸（PA）存在於熱帶脂肪中。丁酸（BA）存在於奶油中。花生酸（Arachidic acid）存在於花生油中。

依照飽和度和 Omega 家族區分

飽和脂肪酸

下面列出常見的脂肪酸，依照飽和度和 Omega 家族區分，也順便標示簡稱和主要來源。

短鏈飽和脂肪酸

丁酸（Butyric Acid，C4:0）乳製品

己酸（Caproic Acid，C6:0）乳製品，山羊

中鏈飽和脂肪酸

辛酸（Caprylic Acid，C8:0）乳製品，牛奶，椰子油

癸酸（Capric Acid，C10:0）牛奶，椰子油，棕櫚核仁油

月桂酸（Lauric Acid，C12:0）椰子油

長鏈飽和脂肪酸

肉豆蔻酸（Myristic Acid，C14:0）肉豆蔻脂

十五酸（Pentadecanoic Acid，C15:0）乳製品

棕櫚酸（Palmitic Acid，C16:0）魚肉、乳製品、植物

十七酸（Margaric Acid／heptadecanoic acid，C17:0）羊奶，極為罕見

硬脂酸（Stearic Acid，C18:0）動物脂，植物脂

花生酸（Arachidic Acid／icosanoic acid／eicosanoic acid，C20:0）花生油

極長鏈飽和脂肪酸

俞樹酸（Behenic Acid，C22:0）植物、花生等

掬焦油酸（Lignoceric Acid，C24:0）植物、花生

蟲蠟酸（Cerotic Acid，C26:0）蜂蠟、巴西棕櫚蠟

不飽和脂肪酸

我們之前探討過，人體就像一間化學實驗室，從我們吃下肚的食物，合成很多代謝物和同分異構物，來支持我們身體的健全運作，其中一種分子稱為

類花生酸（eicosanoid，依照IUPAC 命名法為 icosanoid），這是 20 個碳原子所構成的碳鏈，經過氧化作用後，形成信使分子，負責調控身體各種功能，包括發炎和免疫，只不過這方面的內容太多太雜了，本書不可能全數討論，只能說這會製造一堆名稱類似的脂肪酸，令人眼花撩亂。光是二十烯酸（Eicosenoic acid，C20:1），就有 3 種 Omega 變體，只是稍微更動一下雙鍵，竟然就有 3 種脂肪酸了（Omega-7、Omega-9、Omega-11），全部都是 20 個碳原子的單元不飽和脂肪酸。另一大群是十八碳三烯酸（octadecatrienoic acid），名稱都一模一樣，唯一的差別只有飽和度。這裡先跟大家預告，脂肪酸的專有名詞令人頭痛不已！

單元不飽和脂肪酸 Omega-11

巨頭鯨魚酸／二十烯酸（Gondoic/Eicosenoic Acid，C20:1）海鮮、鱈魚肝、鯨油

不飽和脂肪酸 Omega-10

智人酸（Sapienic Acid，C16:1）人類獨有

十八碳二烯酸（Sabaleic Acid，C18:2）人類獨有

（雖然這方面的資訊還不夠多，但我仍提列出來，相信未來會有更多研究證實其重要性。）

單元不飽和脂肪酸 Omega-9

油酸（Oleic Acid，C18:1）植物油、動物脂肪

蓖麻油酸（Ricinoleic Acid，C18:1）蓖麻

鱈油酸／二十烯酸（Gadoleic/Eicosenoic Acid，C20:1）高麗菜、鱈魚、鯨油

芥酸／二十二烯酸（Erucic/Docosenoic Acid，C22:1）各種種子油

神經酸（Nervonic Acid，

C24:1）鯊魚肝

單元不飽和脂肪酸 Omega-8

十七烯酸（Margaroleic Acid／heptadecenoic Acid，C17:1）主要是海鮮

單元不飽和脂肪酸 Omega-7

棕櫚油酸／十六烯酸（Palmitoleic Acid，POA／hexadecenoic acid，C16:1） 動物、植物、海鮮

牛油酸（Vaccenic Acid，C18:1）乳製品，動物脂

二十烯酸（Paullinic／Eicosenoic Acid，C20:1）鯡魚油，油菜籽

多元不飽和脂肪酸，Omega-6

亞麻油酸（Linoleic Acid，LA，C18:2）種子油、堅果油

γ-次亞麻油酸（Gamma-Linolenic Acid，GLA，C18:3）黑醋栗，動物

油硬脂酸（Eleostearic Acid，C18:3）櫻桃核仁

EDA（Eicosadienoic Acid，C20:2）動物，海鮮

DGLA（Dihomo-gamma-linolenic Acid，C20:3）微量，罕見

花生四烯酸／二十碳四烯酸（Arachidonic Acid，AA／eicosatetraenoic acid，C20:4）花生，動物，蛋

二十二碳二烯酸（Brassic/Docosadienoic Acid，C22:2）罕見

多元不飽和脂肪酸，Omega-5

油硬脂酸／十八碳三烯酸（Eleostearic Acid／octadecatrienoic acid，C18:3）櫻桃核仁

石榴酸（Punicic Acid，C18:3）石榴

肉豆蔻油酸（Myristoleic Acid，C14:1）肉豆蔻

高度不飽和脂肪酸，Omega-3

α-次亞麻油酸（Alpha-Linolenic Acid，LNA，C18:3）植物、亞

麻籽、大麻籽

硬脂四烯酸（Stearidonic Acid，SDA，C18:4）大麻籽、黑醋栗

二十碳四烯酸（Eicosatetraenoic Acid，ETA，C20:4）鯊魚肝、鮭魚

二十碳五烯酸（Timnodonic Acid，EPA／Eicosapentaenoic Acid，C20:5）海鮮、動物

二十二碳五烯酸（Clupanodonic Acid，DPA／Docosapentaenoic Acid，C22:5）

動物肝臟、鮭魚

二十二碳六烯酸（Cervonic Acid，DHA／Docosahexaenoic Acid，C22:6）海鮮、植物

各種油脂的脂肪酸含量和化學成分

下列的脂肪酸整理表參考不少資料，包括廠商產品標示、研究報告、網路文章，因此格式不統一，完整度也不一。

各種油脂的脂肪酸成分並不是絕對的，其實會受到一系列因素影響，包括生長條件、生長地區、植物品種等。脂肪酸的資料只是一個參考，不可能放諸四海皆準。

當我們知道脂肪酸的模式和組成，有助於掌握油脂的特徵。若要比較不同的油脂，第一步絕對是先看脂肪酸，因為脂肪酸是油脂的主要成分，有時候稍微看一下脂肪酸的成分表，大致就知道整個油脂的特性。舉凡各種脂肪酸的比例，脂肪酸是長鏈還是短鏈，脂肪酸是飽和還是不飽和，這些因素都會影響油脂的觸感、功能和作用。

每一種油脂都含有不皂化物，只可惜不是每種油脂都有資料。下列的脂肪酸成分表，各成分會按照占比的順序，由高至低排列。

提醒：你會看到很多熟悉的脂

肪酸，至於比較特殊的脂肪酸，這裡還另外標示編碼，例如 C22:1 就是芥酸，表示有 20 個碳原子以及 1 個雙鍵。

標註：

>大於

<小於

海甘藍籽油（ABYSSINIAN OIL）

芥酸 50-65% C22:1

油酸 10-25%

亞麻油酸 7-15%

二十烯酸 2-6% C20:1

α-次亞麻油酸 2-5%

棕櫚酸 1-4%

俞樹酸 1-3% C22:0

硬脂酸 0.5-2%

花生酸 0.5-2% C20:0

二十碳二烯酸 0-4% C20:2

掬焦油酸 0-1% C24:0

棕櫚油酸 0.1-0.5% C16:1

巴西莓果油（ACAI OIL）

油酸 60%

亞麻油酸 50%

棕櫚酸 18%

硬脂酸 1.5%

α-次亞麻油酸 1.5%

月桂酸 微量 C12:0

棕櫚油酸 微量 C16:1

甜杏仁油（ALMOND OIL）

油酸 60-75%

亞麻油酸 20-30%

棕櫚酸 3-9%

硬脂酸 0.5-3%

α-次亞麻油酸 0.4%

花生酸 0.2% C20:0

二十烯酸 0.2% C20:1

俞樹酸 0.2% C22:0

芥酸 0.1% C22:1

不皀化物 <1.5%

安弟羅巴果油（ANDIROBA OIL）

油酸 50.5%

棕櫚酸 28%

亞麻油酸 11%

硬脂酸 8.1%

花生酸 1.2% C20:0

棕櫚油酸 1% C16:1

α-次亞麻油酸 1.3%

俞樹酸 0.34% C22:0

肉豆蔻酸 0.33% C14:0

不皂化物 3-5%

杏桃核仁油（APRICOT KERNEL OIL）

油酸 55-74%

亞麻油酸 20-35%

棕櫚酸 3-7%

硬脂酸 2%

棕櫚油酸 1.4% C16:1

α-次亞麻油酸 1%

二十烯酸 1% C20:1

不皂化物 0.5-0.7%

摩洛哥堅果油（ARGAN OIL）

油酸 45-47%

亞麻油酸 31-35%

棕櫚酸 12-14%

硬脂酸 5.5-5.7%

α-次亞麻油酸 0.5%

二十烯酸 0.5% C20:1

花生酸 0.4% C20:0

肉豆蔻酸 0.2% C14:0

不皂化物 <1%

酪梨油（AVOCADO OIL）

油酸 50-80%

棕櫚酸 12-20%

亞麻油酸 6-18%

棕櫚油酸 2-13% C16:1

α-次亞麻油酸 最多 5%

硬脂酸 1-2%

不皂化物 2-11%

巴巴蘇油（BABASSU OIL）

月桂酸 47.3% C12:0

肉豆蔻酸 14.5% C14:0

油酸 12.2%

癸酸 8.3% C10:0

辛酸 7.1% C8:0

棕櫚酸 7.1% C16:0

硬脂酸 2.0%

亞麻油酸 1.1%

己酸 0.3% C6:0

猴麵包樹油（BAOBAB OIL）

油酸 30-40%

亞麻油酸 24-34%

棕櫚酸 18-30%

硬脂酸 2-8%

α-次亞麻油酸 1-3%

黑莓籽油（BLACKBERRY SEED OIL）

亞麻油酸 63.2%

α-次亞麻油酸 15.2%

油酸 15.1%

棕櫚酸 3.4%

硬脂酸 2.1%

黑醋栗籽油（BLACK CURRANT OIL）

亞麻油酸 47-48%

γ-次亞麻油酸 16-17% C18:3

油酸 9-11%

棕櫚酸 6%

硬脂四烯酸 2.5-3.5% C18:4

硬脂酸 1.5%

不皂化物 <4%

藍莓籽油（BLUEBERRY SEED OIL）

亞麻油酸 40-45%

α-次亞麻油酸 25-30%

油酸 18-22%

棕櫚酸 3-6%

硬脂酸 1-3%

花生酸 1% C20:0

二十烯酸 0.4% C20:1

俞樹酸 0.3% C22:0

棕櫚油酸 0.1% C16:1

肉豆蔻酸 0.1% C14:0

琉璃苣油（BORAGE SEED OIL）

亞麻油酸 35-40%

γ-次亞麻油酸 20-28% C18:3

油酸 15-20%

棕櫚酸 9-12%

硬脂酸 3-5%

二十烯酸 3-5% C20:1

芥酸 2-3% C22:1

神經酸 1-2% C24:1

不皂化物 1-2%

巴西堅果油（BRAZIL NUT OIL）

油酸 35-50%

亞麻油酸 25-40%

棕櫚酸 15-28%

硬脂酸 6-9%

花生酸 1-1.5% C20:0

棕櫚油酸 0.5-1% C16:1

肉豆蔻酸 0.2-0.6% C14:0

α-次亞麻油酸 0.1-0.3%

綠花椰菜籽油（BROCCOLI SEED OIL）

芥酸 49% C22:1

油酸 13.5%

亞麻油酸 11.4%

α-次亞麻油酸 9%

二十烯酸 6% C20:1

棕櫚酸 3.25% C16:0

布荔奇果油（BURITI OIL）

油酸 79.2%

棕櫚酸 16.3%

亞麻油酸 1.4%

α-次亞麻油酸 1.3%

硬脂酸 1.3%

棕櫚油酸 0.4% C16:1

亞麻薺油（CAMELINA OIL）

α-次亞麻油酸 38-45%

亞麻油酸 22%

油酸 16.7%

二十烯酸 16.1% C20:1

棕櫚酸 6.5%

硬脂酸 2.2%

芥酸 2% C22:1

棕櫚油酸 <1 C16:1

肉豆蔻酸 <1 C14:0

山茶花油（CAMELLIA SEED OIL）

油酸 80%

亞麻油酸 9%

棕櫚酸 9%

硬脂酸 1%

花生酸 1% C20:0

芥花油（CANOLA OIL）

油酸 56-62%

亞麻油酸 21-28%

α-次亞麻油酸 8-13%

棕櫚酸 3-5%

硬脂酸 1.3-1.7%

芥酸 2% C22:1

棕櫚油酸 0.2-0.3% C16:1

胡蘿蔔籽油（CARROT SEED OIL）

油酸 68%

亞麻油酸 10.8%

硬脂酸 7%

棕櫚酸 3.7%

α-次亞麻油酸 0.2%

蓖麻油（CASTOR OIL）

蓖麻油酸 90% C18:1

亞麻油酸 5-7%

油酸 3-7%

棕櫚酸 1-2%

硬脂酸 <1.5%

α-次亞麻油酸 <0.5%

不皂化物 0.5-1%

瓊崖海棠油（CAULOPHYLLUM INOPHYLLUM/TAMANU OIL）

油酸 49%

亞麻油酸 21.3%

棕櫚酸 14.7%

硬脂酸 12.6%

肉豆蔻酸 2.5% C14:0

α-次亞麻油酸 <0.5%

二十烯酸 0.94% C20:1

海棠果脂肪酸（瓊崖海棠所獨有的成分）

櫻桃核仁油（CHERRY KERNEL OIL）

亞麻油酸 44%

油酸 32%

油硬脂酸 12% C18:3

棕櫚酸 7.5%

硬脂酸 2.1%

花生酸 1.1% C20:0

α-次亞麻油酸 1%

棕櫚油酸 0.5% C16:1

二十烯酸 0.4% C20:1

奇亞籽油（CHIA SEED OIL）

α-次亞麻油酸 59%

亞麻油酸 21%

油酸 8.7%

棕櫚酸 7%

硬脂酸 2.1%

可可脂（COCOA BUTTER）

油酸 34-36%

硬脂酸 31-35%

棕櫚酸 25-30%

亞麻油酸 大約 3%

不皀化物 <0.8%

椰子油（COCONUT OIL）

月桂酸 39-54% C12:0

肉豆蔻酸 15-23% C14:0

辛酸 6-10% C8:0

棕櫚酸 6-11% C16:0

癸酸 5-10% C10:0

油酸 4-11%

硬脂酸 1-4%

亞麻油酸 1-2%

不皀化物 0.6-1.5%

玉米油（CORN OIL）

亞麻油酸 46-56%

油酸 28-37%

棕櫚酸 12-14%

硬脂酸 2.3-2.7%

不皀化物 1-2%

咖啡油，生豆（COFFEE OIL）

棕櫚酸 40%

亞麻油酸 38%

油酸 8%

硬脂酸 8%

α-次亞麻油酸 2%

俞樹酸 1% C22:0

棕櫚油酸 0.4% C16:1

蔓越莓籽油（CRANBERRY SEED OIL）

亞麻油酸 35-45%

α-次亞麻油酸 22-35%

油酸 20-25%

棕櫚酸 3-6%

硬脂酸 0.5-2%

棕櫚油酸 0.5%

花生酸 <1% C20:0

四烯酸 <1% C20:4

小黃瓜籽油（CUCUMBER SEED OIL）

亞麻油酸 60-68%

油酸 14-20%

棕櫚酸 9-13%

硬脂酸 6-9%

α-次亞麻油酸 <1%

白蘿蔔籽油（DAIKON RADISH SEED OIL）

芥酸 34% C22:1

油酸 20%

鱈油酸 10% C20:1
α-次亞麻油酸 12%
亞麻油酸 10%
棕櫚酸 4%

月見草油（EVENING PRIMROSE OIL）

亞麻油酸 65-75%
γ-次亞麻油酸 9-11% C18:3
油酸 5-11%
棕櫚酸 5-8%
硬脂酸 1-3%
花生酸 最多 2% C20:0
二十烯酸 最多 2% C20:1
α-次亞麻油酸 0.5%

亞麻籽油（FLAX SEED OIL）

α-次亞麻油酸 35-66%
油酸 14-39%
亞麻油酸 7-19%
棕櫚酸 4-9%
硬脂酸 2-4%
不皂化物 0.5-1%

智利榛果油（GEVUINA／CHILEAN HAZELNUT）

油酸 40-55%
棕櫚油酸 20-27%
亞麻油酸 6-15%
α-次亞麻油酸 2%

葡萄籽油（GRAPE-SEED OIL）

亞麻油酸 69-78%
油酸 15-25%
棕櫚酸 6-9%
硬脂酸 2.4-6%
α-次亞麻油酸 0.3-1%
棕櫚油酸 0.5-0.7% C16:1
維生素 E 14IU（國際單位）

榛果油（HAZELNUT OIL）

油酸 65-85%
亞麻油酸 7-11%
棕櫚酸 4-6%
硬脂酸 2-4%
不皂化物 0.3-1%

大麻籽油（HEMP SEED OIL）

亞麻油酸 53-60%
α-次亞麻油酸 15-25%
油酸 8.5-16%
棕櫚酸 6-9%

硬脂酸 2-3.5%

γ-次亞麻油酸 1-4% C18:3

花生酸 1-3% C20:0

硬脂四烯酸 0.4-2% C18:4

二十烯酸 <0.5% C20:1

俞樹酸 <0.3% C22:0

伊利普脂（ILLIPE BUTTER）

硬脂酸 39-50%

油酸 31-40%

棕櫚酸 10-23%

花生酸 1-3% C20:0

亞麻油酸 1-2%

肉豆蔻酸 1.5% C14:0

不皂化物 0.5-1%

荷荷芭油（JOJOBA OIL）

二十烯酸／鱈油酸 50-80% C20:1

二十二烯酸／芥酸 4-20% C22:1

油酸 10-25%

棕櫚酸 <4%

棕櫚油酸 <1% C16:1

硬脂酸 <1%

α-次亞麻油酸 <1%

卡蘭賈油（KARANJ OIL）

油酸 45-72%

亞麻油酸 11-18%

二十烯酸 9-12% C20:1

俞樹酸 4.2-5.3% C22:0

棕櫚酸 3.7-7.9%

花生酸 2.2-4.7% C20:0

硬脂酸 2.4-8.9%

掬焦油酸 1.1-3.5% C24:0

奇異果籽油（KIWI SEED OIL）

α-次亞麻油酸 45-70%

亞麻油酸 17-22%

油酸 10.5-14%

硬脂酸 4-7%

棕櫚酸 4-6%

花生酸 0-1% C20:0

二十烯酸 0-0.5% C20:1

燭果脂（KOKUM BUTTER）

硬脂酸 50-62%

油酸 30-42%

棕櫚酸 2-6% C16:1

亞麻油酸 0-2%

花生酸 1.2% C20:0

夏威夷石栗油（KUKUI NUT OIL）

亞麻油酸 35-50%

α-次亞麻油酸 25-40%

油酸 10-35%

棕櫚酸 4-10%

硬脂酸 2-8%

花生四烯酸 <1.5% C20:4

月桂酸 <1.0% C12:0

肉豆蔻酸 <1.0% C14:0

不皂化物 <1%

澳洲胡桃油（MACADAMIA NUT OIL）

油酸 54-63%

棕櫚油酸 15-23% C16:1

棕櫚酸 7-10%

硬脂酸 2-6%

花生酸 1.5-3% C20:0

亞麻油酸 1-3%

二十烯酸 1-3% C20:1

芒果脂（MANGO BUTTER）

油酸 34-56%

硬脂酸 26-57%

棕櫚酸 3-18%

亞麻油酸 1-13%

花生酸 1.5-3% C20:0

不皂化物 1-5%

馬魯拉果油（MARULA OIL）

油酸 70-78%

棕櫚酸 9-12%

硬脂酸 5-8%

亞麻油酸 4-7%

肉豆蔻酸 <1.5% C14:0

花生酸 <1.0% C20:0

α-次亞麻油酸 0.7-1%

芥酸 <0.5% C22:1

白芒花籽油（MEADOWFOAM OIL）

二十烯酸／鱈油酸 61.5% C20:1

二十二碳二烯酸 17.9% C22:2

芥酸 12.7% C22:1

油酸 3.2% C18:1

乳薊籽油（MILK THISTLE OIL）

亞麻油酸 46-65%

油酸 15-25%

棕櫚酸 7-12%

硬脂酸 5%

俞樹酸 1-1.5% C22:0

辣木油（MORINGA OIL）

油酸 73%

俞樹酸 7-10% C22:0

棕櫚酸 7%

硬脂酸 5.1%

花生酸 3.6% C20:0

二十烯酸／鱈油酸 2.3% C20:1

棕櫚油酸 1.1% C16:1

掬焦油酸 1.0% C24:0

肉豆蔻酸 0.1% C14:0

苦楝油（NEEM OIL）

油酸 40-60%

硬脂酸 14-22%

棕櫚酸 14-19%

亞麻油酸 8-20%

花生酸 <3.5% C20:0

肉豆蔻酸 <3% C14:0

月桂酸 <1% C12:0

α-次亞麻油酸 <0.8%

黑種草籽油（NIGELLA/BLACK CUMIN SEED OIL）

亞麻油酸 57.9%

油酸 23.7%

棕櫚酸 13.7%

硬脂酸 2.6%

花生酸 1.3% C20:0

肉豆蔻酸 0.5% C14:0

α-次亞麻油酸 0.2%

燕麥油（OAT SEED OIL）

油酸 35-43%

亞麻油酸 35-43%

棕櫚酸 14-16%

硬脂酸 1-2%

α-次亞麻油酸 1-1.5%

月桂酸 0.39% C12:0

阿維酸 0.2-0.6% C18:1

棕櫚油酸 0.2% C16:1

肉豆蔻酸 0.1-0.5% C14:0

二十烯酸 0.5-1% C20:1

花生酸 0.05-0.15% C20:0

橄欖油（OLIVE OIL）

油酸 63-81%

亞麻油酸 5-15%

棕櫚酸 7-14%

硬脂酸 3-5%

棕櫚油酸 <3% C16:1

α-次亞麻油酸 5%

花生酸 <0.7% C20:0

不皂化物 0.5-1%

棕櫚油（PALM OIL）

棕櫚酸 43-45%

油酸 38-41%

亞麻油酸 9-11%

硬脂酸 4-5%

肉豆蔻酸 0.5-2% C14:0

花生酸 <0.5% C20:0

月桂酸 <0.5% C12:0

不皂化物 0.5-1.2%

棕櫚核仁油（PALM KERNEL OIL）

月桂酸 48% C12:0

肉豆蔻酸 15% C14:0

油酸 15%

棕櫚酸 9%

癸酸 3.4% C10:0

辛酸 3.3% C8:0

硬脂酸 2.5%

亞麻油酸 2.3%

木瓜籽油（PAPAYA SEED OIL）

油酸 71.6%

棕櫚酸 15.1%

亞麻油酸 7.7%

硬脂酸 2.6%

花生酸 0.87% C20:0

α-次亞麻油酸 0.6%

肉豆蔻酸 0.16% C14:0

月桂酸 0.13%

俞樹酸 0.02% C22:0

百香果籽油（PASSION FRUIT OIL）

亞麻油酸 77%

油酸 12%

棕櫚酸 8%

硬脂酸 2%

α-次亞麻油酸 1.5%

水蜜桃核仁油（PEACH KERNEL OIL）

油酸 55-67%

亞麻油酸 25-35%

棕櫚酸 5-8%

硬脂酸 3%

α-次亞麻油酸 1%

棕櫚油酸 1%

花生酸 0.5% C20:0

山核桃油（PECAN OIL）

油酸 52%

亞麻油酸 36.6%

棕櫚酸 7.1%

硬脂酸 2.2%

α-次亞麻油酸 1.5%

花生油（PEANUT OIL）

油酸 46.8%

亞麻油酸 33.4%

棕櫚酸 10%

俞樹酸 2.8% C22:0

硬脂酸 2%

花生酸 1.4% C20:0

鱈油酸 1.3% C20:1

掬焦油酸 0.9% C24:0

肉豆蔻酸 0.1% C14:0

棕櫚油酸 0.1% C16:1

巴西油桃木果油（PEQUI SEED OIL）

油酸 0.2%

棕櫚酸 44.3%

硬脂酸 1.8%

棕櫚油酸 1.3% C16:1

亞麻油酸 1.2%

α-次亞麻油酸 0.7%

肉豆蔻酸 0.5% C14:0

紫蘇籽油（PERILLA SEED OIL）

α-次亞麻油酸 45-65%

亞麻油酸 10-20%

油酸 10-25%

棕櫚酸 3-9%

硬脂酸 0-4%

棕櫚油酸 <1% C16:1

開心果油（PISTACHIO NUT OIL）

油酸 51-54%

亞麻油酸 31-35%

棕櫚酸 9-12%

棕櫚油酸 1-2% C16:1

硬脂酸 1-2%

α-次亞麻油酸 <1%

李子核仁油（PLUM KERNEL OIL）

油酸 60-80%

亞麻油酸 15-25%

棕櫚酸 4-9%

硬脂酸 0.7-2.6%

α-次亞麻油酸 <1%

棕櫚油酸 <1% C16:1

巨頭鯨魚酸／二十烯酸 0.2% C20:1

花生酸 <0.3% C20:0

十七酸 0.1% C17:0

肉豆蔻酸 <0.1% C14:0

俞樹酸 <0.1% C22:0

掬焦油酸 <0.1% C24:0

十七烯酸 <0.1% C17:1

石榴籽油（POMEGRANATE SEED OIL）

石榴酸 70-76% C18:3

亞麻油酸 7%

油酸 5.7%

棕櫚酸 2%

硬脂酸 1.3-2%

鱈油酸 微量 C20:1

罌粟籽油（POPPY SEED OIL）

亞麻油酸 70.6%

油酸 15.5%

棕櫚酸 19.4%

硬脂酸 2.3%

α-次亞麻油酸 0.06%

棕櫚油酸 0.15% C16:1

花生酸 0.11% C20:0

鱈油酸 0.07% C20:1

肉豆蔻酸 0.05% C14:0

巴卡斯果油（PRACAXI OIL）

油酸 55%

亞麻油酸 20%

俞樹酸 10-25% C22:0

掬焦油酸 10-25% C24:0

棕櫚酸 5% C16:0

棕櫚油酸 5% C16:1

硬脂酸 5%

鱈油酸 1.5% C20:1

芥酸 1% C22:1

花生酸 1% C20:0

α-次亞麻油酸 0.5%
肉豆蔻酸 0.43% C14:0
月桂酸 0.12% C12:0

南瓜籽油（PUMPKIN SEED OIL）

亞麻油酸 55.3%
油酸 26.4%
棕櫚酸 12.9%
硬脂酸 4.8%
花生酸 0.3% C20:0

覆盆莓籽油（RED RASPBERRY OIL）

亞麻油酸 52.1%
α-次亞麻油酸 22.2%
油酸 11.7%
棕櫚酸 2%
硬脂酸

玄米油（RICE BRAN OIL）

油酸 32-38%
亞麻油酸 32-47%
棕櫚酸 13-23%
硬脂酸 2-3%
α-次亞麻油酸 1-3%
不皂化物 3-4%

玫瑰果油（ROSEHIP SEED OIL）

亞麻油酸 43-46%
α-次亞麻油酸 31-35%
油酸 15%
棕櫚酸 3-4%
硬脂酸 1.5-2.5%
花生酸 0.9% C20:0
肉豆蔻酸 0.3% C14:0
俞樹酸 0.4% C22:0
不皂化物 0.8%

印加果油（SACHA INCHI OIL）

α-次亞麻油酸 45-51%
亞麻油酸 32-37%
油酸 9-10.5%
棕櫚酸 3-5%
硬脂酸 2-4%

紅花油（高亞麻油酸，SAFFLOWER OIL）

亞麻油酸 70-80%
油酸 10-20%
棕櫚酸 6-7%

硬脂酸 2.5-7%

α-次亞麻油酸 <0.5%

花生酸 <0.5% C20:0

不皂化物 0.5-1.5%

婆羅雙樹脂（SAL BUTTER）

硬脂酸 41-47%

油酸 37-43%

棕櫚酸 4-7%

花生四烯酸 3-9% C20:4

亞麻油酸 0-4%

不皂化物 0.6-2.2%

沙棘籽油（SEA BUCKTHORN SEED OIL）

亞麻油酸 34-35%

α-次亞麻油酸 32%

棕櫚酸 11%

油酸 9%

反式油酸 5.6%

硬脂酸 4%

棕櫚油酸 1.2% C16:1

沙棘果油（SEA BUCKTHORN FRUIT OIL）

棕櫚油酸 34% C16:1

棕櫚酸 30.4%

反式油酸 14.6%

油酸 7.1%

亞麻油酸 5.8%

α-次亞麻油酸 2.1%

肉豆蔻酸 1.5% C14:0

芝麻油（SESAME OIL）

油酸 35-50%

亞麻油酸 35-50%

棕櫚酸 7-12%

硬脂酸 3.5-6%

α-次亞麻油酸 1%

花生酸 1% C20:0

棕櫚油酸 0.5% C16:1

乳木果脂／硬脂酸為主（SHEA BUTTER/SHEA STEARIN）

油酸 40-55%

硬脂酸 35-40%

棕櫚酸 3-7%

亞麻油酸 3-8%

不皂化物 17%

乳木果油／油酸為主（SHEA OIL）

油酸 73%

亞麻油酸 14%

硬脂酸 8.5%

棕櫚酸 4%

α-次亞麻油酸 0.35%

東非乳木果脂（SHEA NILOTICA）

油酸 40-55%

硬脂酸 30-32%

亞麻油酸 3-11%

棕櫚酸 4-9%

α-次亞麻油酸 <1%

花生酸 <1% C20:0

大豆油（SOYBEAN OIL）

亞麻油酸 46-53%

油酸 22-27%

棕櫚酸 10-12%

α-次亞麻油酸 8-9%

硬脂酸 5-6%

不皂化物 0.5-1.6%

葵花油（SUNFLOWER OIL）

亞麻油酸 72%

油酸 15.9%

棕櫚酸 5.8%

硬脂酸 3.9%

俞樹酸 0.7% C22:0

α-次亞麻油酸 0.6%

二十四酸／掬焦油酸 0.5% C24:0

花生酸 0.3% C20:0

鱈油酸 0.2% C20:1

γ-次亞麻油酸 0.1% C18:3

棕櫚油酸 0.1% C16:1

番茄籽油（TOMATO SEED OIL）

亞麻油酸 50%

棕櫚酸 20-29%

油酸 13-18%

硬脂酸 3%

α-次亞麻油酸 2-3%

花生酸 <3% C20:0

俞樹酸 <1% C22:0

芥酸 <1% C22:1

核桃油（WALNUT OIL）

亞麻油酸 45-65%

油酸 25-35%

α-次亞麻油酸 9-15%

棕櫚酸 5-8%

硬脂酸 3-7%

不皂化物 0.5-1%

西瓜籽油（WATERMELON SEED OIL）

亞麻油酸 55-65%

油酸 21-29%

棕櫚酸 8-13%

硬脂酸 1.5-5.5%

α-次亞麻油酸 <2%

棕櫚油酸 <1%

小麥胚芽油（WHEAT GERM OIL）

亞麻油酸 55-60%

油酸 13-39%

棕櫚酸 13-20%

α-次亞麻油酸 4-10%

硬脂酸 2-6%

不皂化物 3-4%

岩谷油（YANGU OIL/CAPE CHESTNUT）

油酸 45%

亞麻油酸 29%

棕櫚酸 18.3%

硬脂酸 4.7%

α-次亞麻油酸 0.9%

花生酸 0.5% C20:0

芥酸／二十二烯酸 0.1% C22:1

測量和換算表

8 盎司	1 杯		240 毫升		
4 盎司	1/2 杯	8 大匙	120 毫升		
2 盎司	1/4 杯	4 大匙	60 毫升		
1 盎司	1/8 杯	2 大匙	30 毫升	6 小匙	
1/2 盎司		1 大匙	15 毫升	3 小匙	
			5 毫升	1 小匙	100 滴
			2.5 毫升	1/2 小匙	50 滴
				1/4 小匙	25 滴

精油稀釋比例

精油是濃烈的植物成分，稀釋後才可以塗抹皮膚。參見下列稀釋比例表，掌握精油滴數和稀釋比例的關係，例如 1 盎司（30ml）的薰衣草按摩油，1%稀釋比例的話，應添加 6 滴薰衣草精油，但如果除了薰衣草精油之外，還要調和其他精油，總滴數仍維持 6 滴，例如 3 滴薰衣草精油和 3 滴天竺葵精油。

比例		1%	2%	2.5%	3%	4%	5%	10%
毫升（ML）	盎司（Oz）							
5ml	1/6oz	1	2	2.5	3	4	5	10
10ml	1/3oz	2	4	5	6	8	10	20
15ml	1/2oz	3	6	7.5	9	12	15	30
30ml	1oz	6	12	15	18	24	30	60
50ml	<2oz	10	20	25	30	40	50	100
60ml	2oz	12	24	30	36	48	60	120
100ml	3oz	20	40	50	60	80	100	200
120ml	4oz	24	48	60	72	96	120	240
240ml	8oz	48	96	120	144	192	240	480
500ml	16oz	100	200	250	300	400	500	1000

名詞解釋

原精（Absolute）：以溶劑萃取出來的植物芳香物質，以免水蒸氣蒸餾法傷害植物或花朵淡雅的香氣。

酸性包膜（Acid mantle）：皮脂腺在皮膚表面形成天然的酸性薄膜，這是有黏性的液體，可以為皮膚防堵細菌、病毒等。

活性成分（Active principle）：在任何產品或配方中，負責驅動防曬、潤膚、保濕、療癒、滋養等用途的活性劑。反義詞：基底成分。

地上部分（Aerial part）：植物或香草長在地面上的部分。

ALA：α-次亞麻油酸的簡稱，屬於必需脂肪酸。

α-次亞麻油酸（LNA 或 ALA）：屬於必需脂肪酸，一定要從飲食攝取。

過敏原（Allergen）：可能導致過敏人士產生身體反應，但不是所有人都會覺得刺激或有毒性。

止痛劑（Analgesic）：有緩解疼痛的效果。

抗菌劑（Antibacterial）：有殺死細菌的效果。

抗氧化劑（Antioxidant）：可以抑制氧化作用，減少生物化學反應所釋放的自由基氧分子。抗氧化劑會放慢過氧化物和自由基氧分子的生成速度，以免傷害細胞膜和其他分子，舉凡維生素 E、C、安息香樹脂、迷迭香萃取物、類胡蘿蔔素，都是抗氧化劑。

芳療（Aromatherapy）：芳療一詞，其實是 1928 年法國化學家蓋特佛塞（Renee Maurice Gattefosse）所創，他成功以薰衣草精油治好他嚴重的燙傷。芳療主要是發揮植物芳香物質的療效。

抑菌劑（Bacteriostatic）：可以抑制細菌增生，卻無法殺死細菌。

屏障功能（Barrier Function）：皮膚角質層的兩大功能之一，可以保護皮膚。

鹼類（Base）：依照化學的說法，鹼性物質的氫離子（H+）低，氫氧離子（OH-）高，酸鹼值介於 7.5 至 14 之間。

基底（Base）：如果是製作肥皂或潤膚霜，基底意味著產品的主要成分，或者可溶解的介質，例如「以油為基底」、「以水為基底」。

β-胡蘿蔔素（Beta-carotene）：維生素 A 的前驅物，源自於植物，屬於抗氧化的類胡蘿蔔素，也可以當成天然色素。

β-谷甾醇（Beta-sitosterol）：屬於植物固醇，經研究證實可以降低血清的膽固醇濃度，屬於油脂的不皂化物。

植物性（Botanical）：源自於植物。

緩衝（Buffer）：可以緩解物質的效力，例如醋含有乙酸，可以緩解氫氧化鈉溶液的效力，屬於弱酸緩衝溶液。

植物脂（Butter, vegetable）：飽和植物性脂肪，產地通常是在熱帶地區，例如乳木果脂、芒果脂、婆羅雙樹脂。

類胡蘿蔔素（Carotenoids）：具有光防護效果的植物成分，以免細胞組織受到陽光的危害。類胡蘿蔔素是食物中和體內重要的抗氧化劑，目前總共發現 600 多種類胡蘿蔔素，包括β-胡蘿蔔素、茄紅素、α 胡蘿蔔素、葉黃素、角黃素、玉米黃素。

基底成分（Carrier principle）：負責夾帶其他物質，例如植物油作為精油的基底油。每一項產品除了有活性成分，還有基底成分。反義詞：活性成分。

神經醯胺（Ceramides）：存在於皮膚細胞（皮膚最外層的角質細胞）的天然脂質分子，為皮膚最外面角質層的主要成分。

桂皮酸（Cinnamic acid）：天然植物多酚，可以防範陽光對肌膚的危害，乳木果脂等油脂都含有成分。

冷壓法（Cold pressing）：這通常是為了壓榨固定油，透過壓榨的方式，而非溶劑萃取，加上壓榨過程中沒什麼熱氣，所以稱為「冷壓法」。

冷製皂（Cold process soap-making）：油和鹼液混合時，溫度介於攝氏 26～43 度之間，比熱製皂的溫度更低，從頭到尾都不會加熱，反觀熱製皂的油脂經過加熱煮沸，由此可見，冷製皂只是一種對比熱製皂的說法。

膠原蛋白（Collagen）：人體皮膚有三分之一的結締組織，都是由膠原蛋白所構成，一旦膠原蛋白變得堅硬，溶解度下滑，無法再吸收水分，人會開始老化，但如果肌膚還年輕，膠原蛋白溶解度高，數量也足夠，就可以留住水分。

致粉刺（Comedogenic）：可能長粉刺或長痘痘，進而堵塞毛孔。「Comedo」這個拉丁文，就是堵塞皮脂腺的黑頭粉刺。如果美妝品有標示不致粉刺，表示不會在皮膚形成障壁層，不用擔心會堵塞毛孔。

凝香體（Concrete）：以溶劑萃取植物芳香物質時，首先會取得凝香體，接著再用酒精處理，即可從凝香體萃取出原精。

共軛脂肪酸（Conjugated fatty acids）：單一脂肪酸碳鏈中，同時有順式和反式的雙鍵，比起一般順式組態的脂肪酸，觸感更加醇厚。

角質細胞（Corneocytes）：這是壞死的皮膚細胞，在這些細胞的間隙中，主要有大量的神經醯胺，可以跟皮脂的脂質結合，成分有蠟、膽固醇、游離脂肪酸。

真皮層（Dermis）：皮膚分成三層，這是中間那一層。

乾性油（Dry oils）：內含單寧，塗在皮膚上特別乾澀，絲毫不會油膩。凡是有單寧成分的油脂，都會有乾澀的觸感。

快乾油（Drying oils）：如果油脂含有大量的多元不飽和與高度不飽和脂肪酸，長時間經過氧化，就會逐漸乾掉。

反式油酸（Elaidic acid）：油酸的反式同分異構物，屬於乳牛和山羊產品的少量成分，卻是氫化油的主要成分。

潤膚劑（Emollience）：可以軟化和舒緩肌膚，並且形成屏障，防止水分從皮膚組織流失。

表皮層（Epidermis）：皮膚最外層組織，還可以細分五小層。

月見草油（EPO）：月見草油的縮寫。

必需脂肪酸（Essential Fatty Acids, EFAs）：身體無法自行合成，一定要從食物或經皮膚攝取。必需脂肪酸有兩種，分別是亞麻油酸和 α-次亞麻油酸，最早稱為維生素 F，現在比較少聽到這種說法。

必需營養素（Essential nutrients:）：包括了必要的營養素、催化劑和輔因子，一定要從食物攝取，包括維生素、八種胺基酸、礦物質、必須脂肪酸、空氣、陽光、水。

精油（Essential oil）：植物的「精華」。天然的油類，內含植物的香氣和芳香成分，屬於短碳鏈、揮發性、瀰散的植物油類，源自花朵、葉子、根部、針葉、果皮、樹皮、樹脂、種子和地下莖等部位。

脂肪酸(Fatty acids, FAs):數量不一的碳原子,連結成長鏈,其中大多數的碳原子,甚至全部的碳原子都有連結氫原子,有些碳原子還連接了羥基,形成羥鏈。三個脂肪酸和一個甘油分子,即可構成三酸甘油酯。

阿魏酸(Ferulic acid):植物多酚成分,專門構成植物、種子和芽的細胞壁,也可以抑制和防堵植物體內的微生物和害蟲。如果塗抹在皮膚上,具有強大的細胞膜抗氧化活性,抑制黑色素生成,防止曬黑,還會吸收紫外線,防範紫外線造成的危害。玄米油就有大量的阿魏酸成分。

分餾(Fractionation):這是利用三酸甘油酯和脂肪酸不同的物理特徵,把兩者分離開來。先加熱油脂,讓油脂液化,再冷卻到特定的溫度,介於完全熔融和凝固之間,這時候飽和脂肪酸的熔點比較高,就會開始凝固結晶,不飽和脂肪酸仍維持液態,就可以經由過濾把兩者分離開來,讓油脂一分為二。分餾的製程,亦可藉由化學物質和溶劑來完成。

香精油(Fragrance oil):有香味的油,可能是完全人工合成,或者部分是人工合成,部分是天然精油。香精油是便宜的香料,添加於肥皂、家用清潔用品等,不具備精油的療效。

游離脂肪酸(Free fatty acids):游離脂肪酸並沒有連結甘油分子,並未形成三酸甘油酯,而是以「游離」的形式存在著。游離脂肪酸會導致油品不穩定,加速變質酸敗。

γ-次亞麻油酸（GLA, gamma-Linolenic acid）：人體會運用亞麻油酸（必需脂肪酸）在體內合成 GLA，此為前列腺素的必要成分，攸關身體的健全。GLA 最早是在月見草油發現的，目前所知是琉璃苣油和黑醋栗籽油的含量最高。

甘油酯（Glyceride）：這是甘油和脂肪酸構成的酯類，甘油有 3 個羥基，可以跟 1～3 個脂肪酸結合，形成單酸甘油酯、二酸甘油酯、三酸甘油酯。大多數脂肪都含有三酸甘油酯，經過酶作用之後，會分解成單酸甘油酯或二酸甘油酯。

游離甘油（Glycerin）：製皂的副產品。油脂皂化的過程中，三酸甘油酯會接觸到鹼，讓三酸甘油酯分解成 3 個游離脂肪酸和 1 個甘油分子。甘油跟氫氧離子交互作用之後，就會變成游離甘油。

鏈結甘油（Glycerol）：這是三酸甘油酯的成分。所謂的三酸甘油酯，包含 1 個甘油分子和 3 個脂肪酸分子。製皂的過程中，必經水解作用，讓鏈結甘油脫離脂肪酸，成為游離甘油。所謂的糖分子，就是兩個甘油分子鏈結而成。

基因改造生物（GMO）：GMO 這是基因改造生物的縮寫，1992 年美國食品藥物管理局決議把 GMO 列為公認安全食材，宣稱 GMO 跟傳統作物「幾乎一模一樣」，但目前關於 GMO 仍未有充分的研究，2014 年有很多人開始反對 FDA 的決議。

葡萄柚籽萃取物（Grapefruit Seed Extract）：這是添加在肥皂或潤膚霜的防腐劑，可以延長保存期限。

公認安全認證（GRAS, Generally Recognized As Safe）：這是美國食品藥物管理局所頒發的食品和營養品認證，證明該食材自古以來都沒有安全疑慮。一旦取得這項認證，就算沒有新法規的背書，也可以讓一般民眾食用。1992 年基因改造生物（GMO）就有獲得這項認證（參見上述）。

保濕劑（Humectants）：可以吸水和保水的物質，可以為肌膚保濕，例如甘油。

水的字首（Hydro-）：有水的成分，或者經過水的作用。

氫（Hydrogen）：化學符號為 H，這種氣體跟氧（O）結合，就會形成水（H_2O）。

水解（Hydrolysis）：這是水造成的化學分解或離子解離。水解化（Hydrolyzed）是經過水解作用，導致化學分解的狀態。

氫化作用（Hydrogenation）：把氫原子導入帶有雙鍵的不飽和脂肪酸，以致不飽和脂肪酸變成飽和脂肪酸，例如酥油和人造奶油。

親水性（Hydrophilic）：吸引水分子。

厭水性（Hydrophobic）：排斥水分子。

皮下組織（Hypodermis）：皮膚的最底層，最貼近身體的肌肉組織。

國際化妝品成分命名法（INCI, International Nomenclature of Cosmetic Ingredients）：這是全球化妝品的標準命名系統。

國際純粹與應用化學聯合會（IUPAC）：主要任務是制定化學成分的公認名稱。

浸泡（Infuse）：把植物物質浸泡在植物油、酒精或醋之中，讓植物的療效轉移到油脂等介質。

碘價（Iodine value）：測量油脂飽和度的標準，例如油脂可以吸收多少的氯化碘。飽和脂肪的碘價低，不飽和脂肪的碘價高，但究竟會有多高，取決於不飽和的程度。

同分異構物（Isomer）：意指有相同的化學式，卻有不同的原子排列，雖然不完全相同，卻極為相似。

國際單位（IU, International Units）：專門測量營養品的單位，通常是維生素 E 和 A。

α-次亞麻油酸（LNA 或 ALA）：其中一種必需脂肪酸。

亞麻油酸（Linoleic Acid，LA）：其中一種必需脂肪酸，只能夠從飲食攝取。

脂質（Lipids）：油脂或蠟可皂化的部分，包括脂肪酸和三酸甘油酯，大致跟碳氫化合物類似，不溶於水。

脂的字首（Lipo）：跟脂肪、脂質有關，Lipos 正好是希臘文的油脂。

親脂性（Lipophilic）：親近油或吸引油，這是分子的性質之一。

疏脂性（Lipophobic）：排斥油脂，這是分子的性質之一。

長鏈脂肪酸（Long-chained fatty acids）：脂肪酸碳鏈的碳原子數目介於 14～18 個之間。

中鏈脂肪酸（Medium-chained fatty acids）：脂肪酸碳鏈的碳原子數目介於 8～12 個之間。

黑色素（Melanin）：這是皮膚細胞的色素組織。如果黑色素較多，膚色會比較深，可以保護皮膚，免於陽光和紫外線輻射的傷害。

熔點（Melting point）：油脂的熔點，取決於脂肪酸的長度和飽和度。

代謝物（Metabolites）：屬於中間化合物，搭起食物原料和身體機能之間的橋梁。

礦物油（Mineral oil）：主要成分是石油，通常用於化妝品和嬰兒油，不是健康肌膚該用的「天然」產品。

混溶性（Miscibility）：可溶於其中，例如糖漿可溶於水。

單元不飽和脂肪酸（Monounsaturated）：這種脂肪酸的碳鏈只有一個雙鍵。

單元不飽和脂肪酸（MUFA）：縮寫。

黏液（Mucilage）：植物的黏滑物質，可以保護植物本體的黏膜，性質溫和，也可以治療我們的腸胃道疾病。

苦杏仁苷（Nitrilosides）：稱為維生素 B-17，取自杏桃核仁和其他植物的種子，算是癌症另類療法。

非極性（Non-polar）：物質的化學成分會排斥水，例如蠟即非極性。

鎖水性（Occlusive）：閉鎖的意思。鎖水膜是透過一層油脂，來保護底下的肌膚，或者防堵一般呼吸作用。

油（Oil）：植物種子和堅果所產生的脂質和非脂質化合物，當然也包括動物油和石油。

脂肪酸的 Omega 分類：取決於第一個雙鍵的所在位置。Omega 後面接續的數字，意指從不飽和脂肪酸的甲基端算起，第幾個碳原子率先出現雙鍵。

有機（Organic）：天然的栽培方式，強調植物和作物的健康，不依賴人工合成的肥料和農藥。

有機來源：源自有機生命，具備有機生命的特質。

有機化學（Organic Chemistry）：跟碳化合物有關，凡是有生命的萬物，都含有碳化合物。

氧化（Oxidation）：有點類似燃燒的過程中，氧氣所引發的生化反應。我們體內的自由基氧氣分子，也會傷害身體的細胞。

通道功能（Passage function）：角質層的次要功能，讓物質在皮膚的內外流動。角質層的主要功能其實是作為屏障。

經皮（Percutaneous）：這包括兩個單詞，Peri 是穿越的意思，cutis 是皮膚的意思，也就是經過皮膚吸收到體內。

酚類化合物（Phenolic compounds）：這是植物和微生物製造的化合物，包含互相鏈結的芳香烴和羥基。生物因應環境條件，例如昆蟲、紫外線輻射、組織傷害，因而分泌酚類化合物。多酚的意思，就是有好幾種酚類。酚類化合物除了天然生成的，也可能是人工合成的。

磷脂（Phospholipids）：動植物活體細胞的脂質化合物，攸關皮膚和身體細胞的健康，其中卵磷脂就是眾所皆知的磷脂。

生理學（Physiologic）：源自希臘文的 physi(o)，意思是大自然，以及希臘文 logos，意思是論述，也就是研究自然、植物和動物，後來也意指維持動植物健康的物質。

植物的字首（Phyto）：拉丁文的植物一詞。

植物固醇（Phytosterols）：植物性的膽固醇。這是細胞膜的必要成分，也攸關免疫系統的健全運作。β-谷甾醇、谷甾醇、菜籽甾醇、豆甾醇和谷甾烷醇，都是植物固醇。

極性（Polar）：化學名詞，意指可溶於水或親水的物質。

多元不飽和脂肪酸（Polyunsaturated）：脂肪酸的碳鏈，至少有 2 個雙鍵。

防腐劑（Preservative）：可以防止劣化的物質。防腐牽涉到好幾個化學作用，例如抗氧化劑會避免油脂受到氧化裂解，殺菌劑和殺真菌劑會殺死或抑制細菌和黴菌的生長，杜絕任何會破壞產品的環境條件。

皂化價（SAP value）：油脂皂化需要多少數量的氫氧化鉀。

皂化（Saponification）：把油脂和鹼製成肥皂的化學作用。皂化有兩大部分，首先把這些材料分解，再讓它們交互作用，最後的成品就是肥皂。

皂素（Saponins）：植物所生成的物質，屬於植物性的糖苷。當水溶性的糖吸附脂溶性的類固醇或三萜類，形成親水／疏水的不對稱性，降低表面張力，具有類似肥皂的清潔效果。

飽和脂肪酸（Saturated fatty acid，SaFA）：碳鏈中的所有碳原子，都已經跟氫原子鏈結了。這些油脂在室溫下往往是固態的，例如所有動物性脂肪和一些植物脂，比方月桂酸、肉豆蔻酸、棕櫚酸和硬脂酸，都是飽和脂肪酸。

皮脂腺（Sebaceous glands）：皮膚的腺體，連接頭髮的毛囊，可以形成脂質保護膜，來保護我們的皮膚，又稱為「酸性包膜」。

皮脂（Sebum）：這是皮脂腺所分泌的脂質。皮脂會滋潤肌膚，避免肌膚受到環境的危害，保住肌膚層的水分，以免水分蒸散。

短鏈脂肪酸（Short-chained fatty acids）：脂肪酸碳鏈的碳原子少於 6 個。

肥皂（Soap）：弱酸性的脂肪酸跟強鹼交互作用，形成弱鹼性的脂肪酸鈉鹽，也就是肥皂，包含了脂肪酸鹽和金屬成分。肥皂主要是拿來清洗的，但是透過不同的化學作用，肥皂會有不同的面貌，有時候跟我們想像有所不同。

抹香鯨油（Sperm whale oil）：18、19 至 20 世紀初從抹香鯨萃取的油脂，大受民眾歡迎，隨著 1970 年代荷荷芭油和白芒花籽油問世，逐漸取代了抹香鯨油。

角鯊烯（Squalene）：這是皮脂的天然成分，由表皮層的皮脂腺所分泌。植物性來源的角鯊烯，遍布於橄欖油、小麥胚芽油、玄米油。動物性的角鯊烯來源有鯊魚肝油。

角質層（Stratum corneum）：皮膚表皮層的最外層，兩個字都是拉丁文，意思是「角狀層」。大家曾經有一段時間，誤以為那是了無生氣的薄膜，如今發現角質層其實有生物活性。

硬脂酸（Stearic acid）：這種脂肪酸遍布於牛油等動物脂以及植物油中。Stea-這個字首正是希臘文的脂肪。硬脂酸質地柔順和堅硬，經常拿來製作肥皂和美妝品，但如果是過敏體質的人，有可能對硬脂酸過敏。

固醇（Sterols）：動植物體內的天然化合物，肩負許多關鍵的生物機能，其中膽固醇和 β-谷甾醇是眾所皆知的固醇，至於睪固酮、雌激素、黃體素和皮質類固醇等荷爾蒙，由人體的膽固醇合成，屬於改造的固醇。

豆甾醇（Stigmasterol）：這種植物固醇以抗硬化著稱，在乳木果脂的不皂化物占大宗。非洲人會拿乳木果脂來舒緩關節炎和肌肉痠痛。

高度不飽和脂肪酸（Super unsaturated）：脂肪酸的碳鏈含有 3 個以上雙鍵。

界面活性劑（Surfactant）：這種物質會融合油和水，進而破壞水的分子鏈結，讓水分均勻分散在表面上，不會結成水珠。例如肥皂。

動物脂（Tallow）：動物的脂肪，包括牛脂、綿羊脂、馬脂。豬油則是豬的脂肪。

萜烯（Terpene）：這種碳氫化合物遍布於動植物身上，內含呈倍數的異戊二烯（C_5H_8），攸關生物的機能和結構。

萜類（Terpenoid）：跟萜烯的結構相似，只是多了氧原子。

經皮水分散失（Trans Epidermal Water Loss，TEWL）：這是化妝品工業評估皮膚使用各種物質後的保水性質。

生育酚（Tocopherol）：維生素 E 的一種，可以防止氧化。大多數植物會合成生育酚來保護自己。這屬於不皂化物的一部分，會避免油脂氧化。

生育三烯酚（Tocotrienol）：維生素 E 的一種，比生育酚更小，飽和度更低，也是強大的抗氧化物，部分植物油含有這個成分。

生育單烯酚（Tocomonoenol）：最近新發現的維生素 E 新分支，也屬於抗氧化物，存在於奇異果的籽和果皮中。

外用（Topical）：把油脂、潤膚霜等物質塗抹在皮膚上，從外部進行治療。

反式脂肪酸（Trans-fatty acids）：工業合成的脂肪酸，把原本多元不飽和脂肪酸，變成完全飽和或部分飽和的脂肪酸，不料在後續研究發現會危害健康。

三酸甘油酯（Triglycerides，TG）：三個脂肪酸分子和一個甘油分子。

不皂化物（Unsaponifiables）：無法分解成酸類、醇類或鹽類（肥皂）的油脂成分，換言之，皂化的過程中，這些物質並不會皂化，卻富含蛋白質、維生素和固醇等營養成分。雖然這些營養素不會皂化，卻會保留在肥皂裡。

不飽和脂肪酸（Unsaturated fatty acids）：這種脂肪酸的碳鏈有幾處並未鏈結氫原子，在室溫下呈現液態，以植物油居多。油酸、亞麻油酸、棕櫚油酸、γ-次亞麻油酸，皆為不飽和脂肪酸。

植物脂（Vegetable butter）：熱帶地區生產的飽和植物油，在室溫下呈固態。

極長鏈脂肪酸（Very-long-chained fatty acids）：脂肪酸碳鏈的碳原子數目超過 20 個。

維生素 A（Vitamin A）：維生素 A 這種必需維生素，源自於食物和植物所含的原維生素 A。類胡蘿蔔素便是原維生素 A 化合物，會在體內合成維生素 A，有助於緩解皮膚問題，例如痘痘肌。

維生素 C（Vitamin C）：皮膚和身體不可或缺的營養素，屬於必需營養素，可以保護細胞壁，促進膠原蛋白增生，幫助皮膚修復。

維生素 E（Vitamin E）：酚類相關化合物，可以抗氧化，保護細胞。如果添加到油脂中，會延長油脂的保存期限。維生素 E 主要分成三類：生育酚、生育三烯酚、生育單烯酚。

維生素 F（Vitamin F）：意指兩種必需脂肪酸（亞麻油酸和 α-次亞麻油酸），但現在已經沒有這種說法了。

維生素 P（Vitamin P）：類黃酮的傳統說法。

揮發性（Volatile）：具有瀰散延展的特性，比方精油就有揮發性，會完全揮發到大氣中。

蠟（Wax）：這種脂質是非極性的，不含甘油化合物。

謝辭

一本書不太可能憑空完成。你會受人幫助，從這裡收集一點點資料，從那裡收集一點點資料，持續累積知識。等到書本付梓出版，當然想感謝每一位幕後功臣。這本書經過長時間醞釀，十多年不斷激盪發想，其中有些網路連結和資訊來源早已淹沒於歷史洪流中，但有一些卻成了我思想的轉捩點。

我並非專業化學家出身，只有在大學修過化學課。對我而言，認識脂肪酸和脂質的結構和化學組成，有一點吃力。雖然也可以從書本或網站收集資料，但如果少了專家從旁協助，有時候會搞不懂基本原理或原則。我身邊剛好有兩位朋友，受過紮實的化學訓練，多虧了他們的幫忙，我這個外行人才能夠猶如專家一樣掌握化學。

我住在加州聖羅莎的朋友鮑伯・林德堡（Bob Lindberg），在我剛起步的時候，教我掌握手工皂的基本原理，讓我明白，為什麼油和鹼液起化學作用就會變成皂。第一步是掌握油的成分，包括結構和化學組成。他引領我進門，對我意義重大。

再過了十幾年，我住在華盛頓州湯森港的好朋友琳恩・法斯（Lyn Faas），教我掌握專業術語，釐清基本化學成分，我本來對脂肪酸有一些誤解，這時候終於有修正的機會，我對於分子的性質也有更正確的觀念。林恩大方分享自己的時間和知識，幫我修正和調整用語和觀念，這本書的內容才會準確。

閱讀對我的幫助也很大。尤多・伊拉莫斯博士的名著《治病脂肪，致病脂肪》，整合我從鮑伯身上和製作手工皂學到的知識，填補我的知識缺口和遺漏環節。伊拉莫斯這本書深入介紹油和脂質的化學成分，涵蓋了天然和人造的油脂。此外，無論是默默無名的小網站，還是大學、政府機構和研究機構的網站，都為我解答不少疑問。而廠商的官方網站也功不可沒，他們用心研究，無償公開這些資料，尤其是美國公司 Natural Sourcing 的官網，資訊格外豐富，油類產品包羅萬象。我寫這本書的過程中，能夠不斷充實自己，都要歸功於這些豐富的資源。

我也想要感謝蓋爾・朱利安（Gail Julian），他是草藥專家，長期以來支持我寫作，提供我靈感，在這本書撰寫初期，重燃我的創作之火。

大家可能不知道，這本書其實是我自己寫著玩，曾經有一段東拼西湊的日子，純粹好玩而已，有點像高難度的美術專題。可是，等到要真正出版的那一刻，我整個大開眼界，感謝 Process Media 出版社看見這本書的價值，讓它有機會問世。

我要感謝茱麗葉・帕弗里（Juliet Parfrey），她把這本書引介給家人亞當・帕弗里（Adam Parfrey），也感謝亞當，讓我認識有遠見的 Process Media 出版社。我也感謝潔西卡・帕弗里（Jessica Parfrey）的指導，以及她完成無數的後端工作，包括追蹤寫作進度和書籍配銷，這本書才得以付諸實現。我也感謝貝絲・洛夫喬伊（Bess Lovejoy），提供我絕佳的意見和建議，以及她流暢的編輯風格，讓整本書讀起來淺顯易懂。利希・厄文（Lissi Erwin）擁有絕佳的美術設計功力，把插圖、圖表、技術資料編排得清晰好讀，為這本書加了不少分。莫尼卡・洛徹斯特（Monica Rochester）幫忙敲定書中很多的插圖和圖片。此外，還有很多我不認識的人，協助這本書出版，包括影印商和經銷商，要不是這些人，這本書不可能讓全世界看見。

我已經跟其他人討教過技術資訊，如果還有任何錯誤，那就是我自己的問題了。我缺乏化學專業背景，這有利有弊，有人提醒我，我呈現脂肪酸化學結構和原理的手法不正統，但好奇心驅使我無盡的聯想，找到所有相關的資訊。我把自己的研究成果收錄於此，這本書是我全方位的參考書，如果你也需要脂肪酸、脂質和植物油的資訊，我很樂意跟你分享。

謝辭不免俗地要感謝家人，他們是我自始至終的支持力量。謝謝老公傑洛，拼命閱讀我的初稿，每次想到任何點子或構思，第一時間就跟我說，幫了我大忙。我的女兒奧莉薇亞，陪她媽媽瘋狂玩油。我的兒子伊凡，以及他的老婆莎拉，還有他們剛出生的寶寶提奧，總是願意當我的白老鼠，在皮膚和身體嘗試各種配方。最後，我遍布全球和全國的朋友和顧客，過去十八年來購買我長期販售的產品，提供我寶貴意見。

最後的最後，感謝我過世的母親，我至今仍記得她的告誡：「不知道就去查。」她認為，人不用背誦所有的資訊，只要知道去哪裡查就夠了。她也熱愛閱讀。我小時候有誦讀困難，當時很少人知道這種症狀，我每次閱讀兒童讀本都會讀錯，於是她主動去學習新的語音學，為此耗費很多時間，教我如何拆解文字並發音，還有認字和表達。因此，我要把這本書獻給她，感謝她諄諄告誡我「不知道就去查」，幫助我克服小時候的閱讀障礙，讓我體會文字的美好，學會使用文字。

蘇珊 M. 帕克

參考資料區

本書參考文獻

尤多・伊拉莫斯（Udo Erasmus）著，《治病脂肪，致病脂肪》（Fats That Heal, Fats That Kill），Alive Books, Burnaby, BC, Canada，1993年出版。
布魯斯・菲佛（Bruce Fife），《椰子療效：發現椰子的治癒力量》（Coconut Cures），Piccadilly Books Ltd., Colorado Springs, CO，2005年出版。（瑞雀文化翻譯出版）
英格麗・奈曼（Ingrid Naiman），《癌症藥膏大全：植物療法》（Cancer Salves），North Atlantic Books, Berkeley, CA，1999年出版。
威廉・百利金（Wilhelm Pelikan），《療癒的植物：論靈性科學》（Healing Plants, Insights Through Spiritual Science），Mercury Press, Spring Valley, NY，1997年出版。

延伸閱讀

芳療類

派翠西亞・戴維斯（Patricia Davis），《芳香療法大百科》（Aromatherapy, An A–Z），世茂翻譯出版，2018年。
凱西・克維爾（Kathi Keville）和茗蒂・格林（Mindy Green），《芳香：療癒藝術指南》（Aromatherapy: A Complete Guide to the Healing Art），The Crossing Press, Freedom, CA，1995年出版。

馬賽爾·拉雅布（Marcel Lavabre），《實用芳療》（Aromatherapy Workbook），Healing Arts Press, Rochester, VT，1990 年出版。

簡恩·蘿絲（Jeanne Rose），《芳療全書》（The Aromatherapy Book），North Atlantic Books, Berkeley, CA，1992 年出版。

汪妲·謝勒（Wanda Sellar）《芳香療法精油寶典》（The Directory of Essential Oils），世茂翻譯出版，1996 年。

寇特·史納伯特博士（Dr. Kurt Schnaubelt），《芳療醫典》（Medical Aromatherapy），Frog Ltd. Books, Berkeley, CA，1999 年出版。

寇特·史納伯特博士（Dr. Kurt Schnaubelt），《進階芳香療法》（Advanced Aromatherapy），翻譯自德文，Healing Arts Press, Rochester, VT，1995 年出版。

羅伯·滴莎蘭德（Robert B. Tisserand），《芳香療法的藝術》（The Art of Aromatherapy），世茂翻譯出版，2001 年出版。

羅伯·滴莎蘭德（Robert B. Tisserand），《芳香：對身體的療癒和照顧》（Aromatherapy, To Heal and Tend the Bod），Lotus Press, Wilmot, WI，1988 年出版。

天然美妝保養

皮埃爾·瓊·卡辛（Pierre Jean Cousin），《巧手變臉：以芳療按摩法維持肌膚健康和青春》（Facelift at Your Fingertips），Storey Publishing, Pownal, VT，2000 年出版。

皮埃爾·瓊·卡辛（Pierre Jean Cousin），《完美肌膚的抗皺療法》（Anti-Wrinkle Treatments for Perfect Skin），Storey Publishing, Pownal,

VT，2001 年出版。

凱西．凱勒（Casey Kellar），《天然美容沐浴全書：身體肌膚保養的奢華配方》（The Natural Beauty Bath Book: Nature's Luxurious Recipes for Body Skin Care），Lark Books, Asheville, NC，1997 年出版。

奧布里．漢普敦（Aubrey Hampton），《天然有機的護髮護膚法》（Natural Organic Hair and Skin Care），Organica Press, Tampa, Florida，1987 年出版。

奧布里．漢普敦（Aubrey Hampton），《化妝品有哪些成分呢？》（What's in Your Cosmetics?），Odonian Press, Tuscon, AZ，1995 年出版。

亞蘭．海伊斯（Alan Hayes），《天然健康的香氣》（Health Scents），Angus and Robertson/Harper Collins Publishers, Pymble, Sydney, NSW, Australia，1995 年出版。

簡恩．蘿絲（Jeanne Rose），《香草身體保養書》（Jeanne Rose's Herbal Body Book），Perigee Books, The Berkeley Publishing Group, NY，1976 年出版。

尼可拉斯．斯美（Nikolaus J. Smeh），《現代美妝品對健康的危害》（Health Risks in Today's Cosmetics），Alliance Publishing Co., Garrisonville, VA，1994 年出版。

尼可拉斯．斯美（Nikolaus J. Smeh），《超實用的保養品 DIY》（Creating Your Own Cosmetics），Alliance Publishing Co., Garrisonville, VA，1995 年出版。

香草類

羅森瑪麗．葛雷斯塔（Rosemary Gladstar），《女性香草療癒全書》（Herbal Healing for Women），Simon & Schuster, New York，1993年出版。

蘇珊．瑋德（Susan Weed），《聰明療癒法》（Healing Wise），Ash Tree Pub., Woodstock, New York，1989年出版。

蘇珊．瑋德（Susan Weed），《女性胸部保健》（Breast Cancer? Breast Health），Ash Tree Pub., Woodstock, New York，1996年出版。

（注意：蘇珊．瑋德的其他著作也值得一讀。）

蓋爾．費斯．愛德華（Gail Faith Edwards），《讓香草療癒你》（Opening Our Wild Hearts to the Healing Herbs），Ash Tree Pub., Woodstock, New York，2000年出版。

製皂類

蘇珊．米勒．卡夫奇（Susan Miller Cavitch），《天然手工皂全書》（The Natural Soap Book），Storey Publishing, Pownal, VT，1995年出版。

蘇珊．米勒．卡夫奇（Susan Miller Cavitch），《手工皂達人的必備參考書》（The Soapmaker's Companion），Storey Publishing, Pownal, VT，1997年出版。

麥琳達．克洛斯（Melinda Cross），《手工皂大全》（The Handmade Soap Book），Storey Publishing, Pownal, VT，1998年出版。

凱薩琳．費勒（Catherine Failor），《透明皂研究室》（Transparent

Soapmakin)，Rose City Press, Portland, OR，1997 年出版。

凱薩琳・費勒(Catherine Failor)，《親膚・好說 45 款經典手工液體皂》(Making Natural Liquid Soaps)，Storey Publishing, Pownal, VT，2000 年出版。(采實文化翻譯出版)

凱西・凱勒(Casey Kellar)，《天然美容沐浴全書：身體肌膚保養的奢華配方》(The Natural Beauty Bath Book: Nature's Luxurious Recipes for Body Skin Care)，Lark Books, Asheville, NC，1997 年出版。

凱西・麥凱萊(Casey Makela)，《第一次做鮮奶皂就上手》(Milk-Based Soaps)，Storey Publishing, Pownal, VT，1997 年出版。

梅里林・默爾(Merilyn Mohr)，《手工皂的藝術》(The Art of Soap Making)，Camden House Publishing, Camden East, Ontario，1979 年出版。

蘇珊 M. 帕克(Susan M. Parker)，《手工皂初階》(Making Soap; A Primary on Natural Soap Making)，自費出版，Sebastopol, CA，2000 年出版。

艾蓮恩・懷特(Elaine C. White)，《手工皂配方》(Soap Recipes)，Valley Hills Press, Starkville, MS，1995 年出版。

網站

蘇珊・巴克萊・尼可斯(Susan Barclay Nichols)，Point of Interest!部落格

http://swiftcraftymonkey.blogspot.com/

Natural Sourcing 公司官網

http://www.naturalsourcing.com
以色列魏茲曼科學研究所(Weizmann Institute of Science)，〈次級代謝物〉一文
http://www.weizmann.ac.il/plants/aharoni/ PlantMetabolomeCourse/March142007.pdf
抵制反式脂肪的運動
http://www.tfx.org.uk/page0.html
生命延續基金會（Life Extension Foundation），〈皮膚老化〉一文
https://www.lef.org/protocols/skin_nails_hair/skin_aging_01.htm
以色列魏茲曼科學研究所，〈植物酚類化合物〉一文
http://www.weizmann.ac.il/plants/aharoni/ PlantMetabolomeCourse/May092007.pdf
Dr. Mercola（有趣的網站，涵蓋自然醫學，包括有益健康的油脂以及不可或缺的維生素 D）
http://www.mercola.com

報章雜誌

〈覆盆莓籽油的特徵〉（Characteristics of raspberry (Rubus idaeus L.) seed oil），Oomaha, B. Dave et al.，Food Chemistry 69 (2000), 187–193。
〈飽和脂肪和心臟疾病的可疑關聯〉（The Questionable Link between Saturated Fat and Heart Disease），Teicholz, Nina，Wall Street Journal, May 6, 2014。

〈為脂肪平反〉（Don't Blame Fat），Walsh, Bryan，Time Magazine, June 23, 2014。
〈杜絕反式脂肪〉（The Case for Banning Trans Fats），Willett, Walter，Scientific American, March 2014。

其他書籍

唐納・魯丁，《Omega-3 好油：實用補充建議》（Omega-3 Oils, A Practical Guide），Avery Publishing Group, Garden City, NY，1996 年出版。

國家圖書館出版品預行編目(CIP)資料

最新植物油效用指南：芳療複方、手工皂、補充營養必備的 99 種天然油脂！／蘇珊 M. 帕克（Susan M. Parker）著；謝明珊翻譯. -- 初版. -- 新北市：大樹林出版社，2022.05
面； 公分.--（自然生活；56）
譯自：Power of the Seed: Your Guide to Oils for Health & Beauty
ISBN 978-626-95413-8-6（平裝）

1.CST：植物油脂 2.CST：香精油

466.171 111005263

大樹林學院

www.gwclass.com

大樹林出版社—官網

大树林学苑—微信

課程與商品諮詢

大樹林學院 — LINE

自然生活 56

最新植物油效用指南

芳療複方、手工皂、補充營養必備的 99 種天然油脂！

Power of the Seed：Your Guide to Oils for Health & Beauty

作　　者／蘇珊 M. 帕克（Susan M. Parker）
翻　　譯／謝明珊
總 編 輯／彭文富
主　　編／黃懿慧
內文排版／菩薩蠻數位文化有限公司
封面設計／Ancy Pi
校　　對／范媛媛、楊心怡
出 版 者／大樹林出版社
營業地址／23357 新北市中和區中山路2段530號6樓之1
通訊地址／23586 新北市中和區中正路872號6樓之2
電　　話／(02) 2222-7270　　傳　　真／(02) 2222-1270
官　　網／www.gwclass.com
E-mail／notime.chung@msa.hinet.net
Facebook／www.facebook.com/bigtreebook
發 行 人／彭文富
劃撥帳號／18746459　　戶名／大樹林出版社
總 經 銷／知遠文化事業有限公司
地　　址／新北市深坑區北深路3段155巷25號5樓
電　　話／02-2664-8800　　傳　　真／02-2664-8801
初　　版／2022年05月

POWER OF THE SEED: YOUR GUIDE TO OILS FOR HEALTH AND BEAUTY
by SUSAN M. PARKER

定價／620元　港幣／207元　ISBN / 978-626-95413-8-6

回函抽獎

掃描 Qrcode，填妥線上回函完整資料，即有機會抽中大獎——「Florame 法恩舒壓高手按摩油」乙瓶（市價 2200 元）。

贈品介紹

Florame 法恩　舒壓高手按摩油（法國原裝進口）

定價：2200 元

容量：120ml

用途：外用，塗抹及按摩身體。

通過歐盟生態組織有機保養品認證

蘊含薰衣草與波旁天竺葵、新鮮果香的甜橙及清新優雅的橙花、乳香等多種珍貴精油及植物油，如：荷荷芭油、甜杏仁油等極緻滋養潤澤肌膚，放鬆舒緩身心、提升睡眠品質及帶來幸福愉悅感。

★中獎名額：共 3 名。

★活動日期：即日起～2022 年 08 月 31 日。

★公布日期：2022 年 09 月 01 日以 EMAIL 通知中獎者。

中獎者需於 7 日內用 EMAIL 回覆您的購書憑證照片（訂單截圖或發票）方能獲得獎品。若超過時間，視同放棄。

★一人可抽獎一次。本活動限台灣本島及澎湖、金門、馬祖。

★追蹤大樹林臉書，搜尋：@ bigtreebook，獲得優惠訊息及新書書訊。